岩石能量损伤理论及工程应用

任建举　张　豹　著

北　京
冶　金　工　业　出　版　社
2025

内容提要

本书深入研究了高偏应力场下钻孔对围岩损伤的影响，提出了岩体钻孔损伤能量的量化计算方法，并分析了钻孔对岩体损伤弱化的影响。在实验室研究了岩石加载过程中的声发射能量演化规律，并提出了孔洞围岩稳定控制的吸能支护策略，为含孔洞岩体的稳定控制提供了理论和技术支撑。

本书可供采矿、水利、隧道、人防和防灾减灾领域的岩土工程技术人员和科研人员阅读，也可供大专院校有关专业的师生参考。

图书在版编目（CIP）数据

岩石能量损伤理论及工程应用 / 任建举，张豹著.
北京：冶金工业出版社，2025. 6. -- ISBN 978-7-5240-0221-5

Ⅰ. TU45

中国国家版本馆 CIP 数据核字第 20259HN063 号

岩石能量损伤理论及工程应用

出版发行	冶金工业出版社	**电　　话**	(010)64027926
地　　址	北京市东城区嵩祝院北巷 39 号	**邮　　编**	100009
网　　址	www. mip1953. com	**电子信箱**	service@ mip1953. com

责任编辑　高　娜　美术编辑　吕欣童　版式设计　郑小利
责任校对　梁江凤　责任印制　禹　蕊
北京建宏印刷有限公司印刷
2025 年 6 月第 1 版，2025 年 6 月第 1 次印刷
710mm×1000mm　1/16；9 印张；173 千字；135 页
定价 79. 00 元

投稿电话　(010)64027932　投稿信箱　tougao@cnmip. com. cn
营销中心电话　(010)64044283
冶金工业出版社天猫旗舰店　yjgycbs. tmall. com
（本书如有印装质量问题，本社营销中心负责退换）

前　言

岩体是地球的重要组成部分之一，同时也是众多地下工程的主要施工和研究对象，煤炭及金属矿藏等资源的开采、地下水电站构筑、储油隧洞施工、城市地下空间建设等都是针对地下岩体展开的。岩体具有不均匀性、不连续性和多孔隙性，大量节理、裂隙、软弱夹层或断层分布其中，这些位置随机且大小不等的缺陷的存在，改变了其力学性能。在各种岩体工程中，孔洞是最为常见的岩体缺陷之一。岩体本身是天然存在的，在未受外界活动影响前主要受原岩应力的影响，而人类的各种生产活动会导致其改变了原有的应力状态，使岩体进入一种新的力学平衡状态。在力学状态转变的过程中，如果没有对岩体采取有效的控制，就会导致许多工程灾害，如煤矿冲击地压、隧道与金属矿巷道岩爆、煤矿煤与瓦斯突出、地下巷道冒顶、露天矿山滑坡、地铁坍塌等，这些灾害性事件的发生，往往与岩体中存在的缺陷演化与扩展密不可分。这些缺陷不仅改变了岩石的内部结构和本构性质，而且在外部应力作用下会显著加剧岩石的劣化过程，最终导致岩石的破坏。研究并掌握岩石试样在孔洞作用下的劣化机制，对于预测和控制上述地下工程灾害的发生具有重要的科学价值和应用前景。

揭示孔洞岩体损伤弱化的能量演化规律，提出针对含孔洞岩体的稳定控制方法，对于保障深部巷道围岩稳定具有重要的科学意义和工程价值。岩体单元释放能、熵增能的计算方法为孔洞岩体的能量量化和围岩损伤弱化分析提供了研究和认识的理论依据。从能量方面入手，定量地研究岩体在不同直径、数量、布孔方式下钻孔损伤弱化的能量演化规律，对于揭示岩体灾害的发生规律具有重要的理论意义。

本书以岩体单元释放能、熵增能的计算方法为基础，提出了孔洞对岩体损伤弱化的能量表征方法。量化研究了含孔洞岩体在不同直径、数量、布孔方式下损伤弱化的规律，为含孔洞岩体损伤弱化分析提供了理论基础，对维护孔洞围岩稳定具有现实意义。通过不同位置、数量、孔径条件下孔洞试样的室内实验，揭示了岩石试样加载过程中声发射能量的演化规律，为含孔洞岩体灾害预防提供了研究认识的理论依据。获得了加载各阶段的声发射事件分布规律，验证了含不同直径、数量孔洞红砂岩试样力学性能损伤规律。研制了吸能锚索，为控制含孔洞围岩稳定提供了支护对策，并通过现场工业性试验验证了吸能锚索的适用性，从而为控制孔洞围岩稳定增加了新的途径。本书为岩土工程领域的研究人员和工程师提供了重要的理论和技术参考。

本书在撰写的过程中，得到了相关院校、矿山企业、设计和研究单位的大力支持和帮助，在此表示衷心感谢！同时，衷心感谢西安建筑科技大学校科研启动基金对本书出版的资助。

由于作者水平所限，书中难免存在不足之处，敬请广大读者提出宝贵意见。

作　者

2025 年 1 月

目　录

1 绪　　论

随着煤炭开采深度的逐步增加，煤矿井下回采巷道冒顶、冲击地压等灾害愈加严重[1]。同时采用锚杆索联合支护的深部巷道[2]，围岩高应力大变形引起的支护体破断的问题依然突出。巷道围岩内需要施工各种直径，不同布置方式的多个钻孔。在采动应力影响下，密集的钻孔可能会加剧巷道围岩的损伤。井下巷道冒顶、冲击地压、支护体破断等灾害是由于巷道围岩原本的能量平衡状态，在受施工等外界因素的扰动时被打破，围岩积累的大量能量得到释放引起的。从能量方面入手，定量地研究不同直径、数量、位置条件下孔洞对岩体损伤弱化的规律，对于揭示孔洞岩体灾害发生规律具有重要的理论意义。本书基于已有的研究成果，分别梳理分析了岩体损伤劣化研究、岩体能量演化规律研究、围岩吸能控制技术研究等方面国内外研究现状，最后进行了岩石能量损伤研究现状的综述。

中国是世界上第一能源消费大国[3]，能源资源具有“富煤、贫油、少气”的鲜明特点[4]。同时，中国也是世界上第一产煤大国，煤炭生产一直在国家能源安全中发挥着“压舱石”的作用[5]。根据国家能源局统计数据，2021 年和 2022 年全国煤炭生产总量分别达到了 41.3 亿吨、44.5 亿吨[6]，煤炭行业为国家能源安全保供和经济社会稳定作出了巨大贡献。煤炭将在未来较长时期内，仍然占据全国能源消费的主导地位[7-8]。

我国幅员辽阔，煤炭赋存条件复杂，全国 85%以上的煤炭属于井工开采[9]。煤炭开采，巷道先行，巷道是井工煤矿中必要的生产和生命通道。随着煤矿浅部资源的逐渐枯竭，回采巷道的埋深也逐步向深部延伸，埋深的加大，造成了采场周围回采巷道的应力环境更加复杂，给煤炭的安全生产造成了严重的威胁[10]。多年以来，顶板事故一直是我国煤矿各类事故中的“第一杀手”[11-12]，瓦斯事故、透水事故、运输事故紧随其后。以 2021 年为例，国家矿山安全监察局公布的年度事故统计数据显示[13]，2021 年度全国煤矿安全事故累计发生了 80 起，其中顶板事故累计发生了 24 起占事故总数的 30%，累计死亡人数为 161 人，其中顶板事故累计死亡人数为 53 人占事故总死亡人数的 33%。巷道冒顶、冲击地压事故频发，极大地威胁着矿工生命安全，并影响整个煤炭行业的健康发展。维护井下各类巷道围岩的可靠稳定，不仅是煤矿安全高效开采的前提，而且是煤炭开采的关键环节和核心工程。尽管煤矿出台了多项制度对巷道进行定期巡查与维护，但顶板事故在我国各类煤矿事故中的占比居高不下[14]。研究孔洞影响下岩体损伤弱化的演化规律，提高巷道围岩的稳定性，对井工煤矿安全高效生产具有重要的现实意义。

回采巷道围岩变形至少经历3个阶段，即巷道掘进影响阶段、无采掘影响阶段、采动影响阶段。众多学者对处于无采掘影响阶段和巷道掘进影响阶段的巷道（隧道）围岩钻孔损伤弱化理论方面进行了深入研究，取得了丰硕的研究成果。然而少有学者将巷道围岩钻孔损伤与采动造成的大比值偏应力场相结合，聚焦于回采巷道经历采动影响阶段，针对钻孔的具体影响程度及其对巷道围岩损伤弱化规律进行深入研究。因此，大比值偏应力场作用下钻孔对岩体的损伤量化程度研究相对较少，应该进行更深入的探讨。

揭示孔洞岩体损伤弱化的能量演化规律，提出针对含孔洞岩体的稳定控制方法，对于保障深部巷道围岩稳定具有重要的科学意义和工程价值。岩体单元释放能、熵增能的计算方法为孔洞岩体的能量量化和围岩损伤弱化分析提供了研究认识的理论依据。从能量角度定量地研究钻孔对岩体损伤弱化的影响，对揭示孔洞岩体灾害规律具有重要理论价值。

本书以岩体单元释放能、熵增能的计算方法为基础，提出了孔洞对岩体损伤弱化的能量表征方法。量化研究了含孔洞岩体在不同直径、数量、布孔方式下损伤弱化的规律，为含孔洞岩体损伤弱化分析提供了理论基础。通过不同位置、数量、孔径条件下孔洞试样的室内实验，揭示了岩石试样加载过程中声发射能量的演化规律，获得了加载各阶段的声发射事件分布规律，验证了含不同直径、数量孔洞红砂岩试样力学性能损伤规律。研制了吸能锚索，为控制含孔洞围岩稳定提供了支护对策，并通过现场工业性试验验证了吸能锚索的适用性。

1.1 岩体损伤劣化研究现状

岩体是地球的重要组成部分之一，同时也是众多地下工程的主要施工和研究对象，煤矿掘进与回采、隧道开挖、水电站构筑、城市地下空间建设等都是针对岩石展开的[15]。岩体本身是天然存在的，在未受人类生产活动影响前主要受原岩应力的影响，除天然地震外的人类生产活动导致其改变了原有的应力状态，而进入一种新的力学平衡状态[16]。在力学状态转变的过程中，如果没有对岩体采取有效的控制，就会导致许多工程灾害，如煤矿冲击地压[17]、隧道与金属矿巷道岩爆[18]、煤矿煤与瓦斯突出[19]、地下巷道冒顶[20]、露天矿山滑坡[21]、地铁坍塌[22]等。岩体具有不均匀性、不连续性和多孔隙性，大量节理、裂隙、软弱夹层或断层[23]等分布其中，这些位置随机且有大小不等的缺陷存在[24]，改变了其力学性能。各种岩体工程中，孔洞是最为常见的岩体缺陷之一。在矿井煤炭开采中采场对巷道的扰动强烈，在较大的偏应力状态下[25]，其破坏特征极其复杂，力学特性有高度的非线性和各向异性。巷道含孔洞围岩将优先从孔洞（缺陷）周围产生裂纹的萌生、发展、演化、贯通。因此孔洞的尺寸、排布方式、数量等直接影响到整个巷道的稳定与安全。国内外许多专家学者对处于无采掘影响阶段与巷道掘进影响阶段的含孔洞岩体损伤劣化进行了大量理论和实践研究工作，从不同角度研究了围岩受裂缝、孔洞等缺陷影响下围岩的弱化机理，取得了丰富的研究成果。

GRIFFITH[26]研究发现预制裂隙能够引起试样的强度降低，原因是裂纹尖端产生的应力集中超过材料的拉应力极限，从而促使裂纹扩展。当裂纹扩展的最大长度能够到达试样边界时则导致试样破坏。

AKER 等人[27]通过对孔洞圆柱形砂岩试样的实验室加载实验发现，试样的裂隙沿着孔洞周围萌生，并沿着与竖直方向呈 45°的方向扩展，最终贯穿至试样边界。

HEPING 等人[28]应用剪切裂纹位错堆积模型，描述了雁型裂纹形成的拉破坏机理，建立了雁型裂纹的分形模型来模拟剪切裂纹位错堆积模型的几何结构。并且推导出了雁型裂纹的能量耗散，进而解释了雁型裂纹形成过程的分形本质。

谢和平等人[29]为了优化爆破孔的布置参数，从理论上研究了爆破块度分维值与岩体断裂耗散能量的关系，研究结果表明岩石裂隙分布的分形维数值是爆破孔布置的重要参数。

来兴平等人[30]为了得到脆性孔洞煤样承载过程破坏模式及能量阶段蓄积释放规律，通过开展单轴压缩实验、监测承载煤样的破坏过程及内部损伤演化信息，并分析煤样力学特性、破坏模式以及能量蓄积释放规律等，发现无孔和有孔煤样均为典型的拉伸破坏模式，并且含孔煤样的裂纹发育以及破坏形式更加复杂。

韦波[31]为研究孔洞大小、多少对试件的损伤规律。采用室内实验手段，对不同直径中心孔洞的石膏试样进行实验室加载实验，结果显示随着中心孔洞直径的增加，石膏试样的峰值强度呈现逐渐减小的趋势。对一组不同数量双列孔洞试样进行加载实验，数据结果表明，随着孔洞数量的增加，试样的单轴抗压强度逐渐减小。

马斌文[32]研究了钻孔卸压效果随钻孔布置方式的影响规律，发现卸压孔周围在工作面的采动应力的影响下能够出现 X 型破裂区，当多个卸压孔的破裂区相连时才能达到卸压效果。

袁红辉等人[33]为探究钻孔直径对岩石试样的强度的损伤弱化影响规律，采用数值模拟手段，对不同直径试样进行数值计算，结果显示随钻孔直径的增加，整体试样的峰值强度和内摩擦角呈现减小趋势。

李小彦等人[34]利用厚壁理论模型建立实验室实验与现场围岩强度变化的对

应关系，利用数值模拟分析了大直径钻孔对围岩强度的影响作用。黄明利等人[35]为了能够掌握岩石受力过程中微裂纹从产生到贯通破坏的全过程，利用扫描电镜，进行单轴加载实验，发现岩石试件的变形与破坏过程可以分为3个阶段，分别为裂纹压密、微裂纹萌生和扩展和断裂破坏。

尤明庆等人[36]从缺陷岩样的应力-应变全程曲线的分析中估出岩样无缺陷时的理想强度，总结出围压对岩样三轴强度的影响，研究了围压降低过程中岩样的屈服破坏特征。通过理想与实际强度差异得出岩石材料的缺陷程度，并总结出强度准则。

王鲁明等人[37]针对分层介质中具有单一裂隙的巷道围岩问题，用边界元分区算法，依据岩石断裂理论，系统地分析了两层介质的弹性模量比、不同弹模比值时裂隙面的摩擦系数、水平分界面到巷道中心的距离、分界面倾角等因素对裂隙围岩稳定性的影响。

朱谭谭等人[38]在含孔洞岩样上布置了角度、长度不同的预制裂缝，通过加载实验发现与无预制缺陷岩石试样相比，预制缺陷岩体的各项力学参数均有所下降。

贾传洋等人[39]进行了室内实验来研究孔径、孔间距及孔深等参数对强度的影响，并对多参数影响中试样破坏形态进行分析，同时基于PFC数值软件对不同参数条件中试样裂纹数量及裂纹扩展形态进行研究。

杨永杰等人[40]采用损伤力学分析方法对煤岩强度和变形特征的微细观机理进行了研究，接着通过对比同为石炭二叠系的兖州煤田的鲍店矿3煤和许厂矿3煤以及新河矿3煤的原生损伤变量、单轴抗压强度、弹性模量，最后发现随着损伤变量减小，煤的单轴压缩破坏逐渐由塑性向脆性转变，说明煤岩宏观力学性质与其微细观损伤密切相关。

赵阳等人[41]将孔隙看作岩石中弹性模量为零的组成物质，建立了岩石整体弹性模量与各组成物质的弹性模量、体积分数关系的模型，并将多种脆性岩体的实验结果与深部顶板砂岩循环加卸载声发射实验的结果进行结合，实验结果给出了在弹性阶段，弹性模量随孔隙度变化时的变化规律，证明了孔隙度与弹性模量二者关系的模型适用性。

黄明利等人[42]为了探明不同性质岩桥中裂纹扩展相互作用模式及其贯通机制，通过理论分析，采用RFPA系统，对岩石试样中预置三裂纹之间岩桥力学性质和非均匀程度进行了研究。

辛保泉等人[43]针对岩性条件劣化导致边坡稳定性下降的问题，以某露天矿山边坡为研究对象，运用SIR-20型地质雷达探测矿山滑坡体内部缺陷，并结合Slide软件模拟分析了不同岩性条件下边坡稳定性的变化规律。

姜福兴等人[44]系统研究了卸压钻孔间距与卸压效果的作用关系，得出钻孔间距减小会使得井下钻孔引起的破坏范围增大。王爱文等人[45]通过对不同孔洞试样进行单轴压缩实验，监测了试样破坏过程声发射活动，发现钻孔数增多，可使得试件应力峰值下降，同时声发射事件更为活跃。

水压致裂可以使煤层进行损伤劣化从而起到增透的作用，利用水压致裂可以将完整岩层压裂，提高瓦斯抽放效果，国内外众多专家学者对水压致裂的损伤劣化影响因素、增透效果等多方面通过多种手段进行了研究[46-48]。

李全贵等人[49]为了解决采煤工作面实施水力压裂纠偏措施后渗透率提高的两个方向不确定造成的塑性变形问题，提出定向孔定向水力压裂技术对比，分析了定向孔定向作用机理，确定了定向孔的布置位置、间距等参数，并利用数值模拟软件验证了定向孔的导向控制效果。

蔺海晓等人[50]对煤岩水压致裂机理进行了深入研究，并对型煤试件和原煤试件进行拟三轴水压致裂实验，结果表明裂缝表面特征对缝内压裂液的流动有重要影响。

欧阳振华等人[51]在义马集团千秋煤矿开展了水压致裂实验，并采用钻屑煤粉量、微震事件、电磁辐射等后评价手段对应用效果进行评价。对比了水压致裂前后钻屑煤粉量、微震事件、电磁辐射等特征参数的变化情况，结果显示，水压致裂技术的应用有利于使煤岩体产生损伤破坏，验证了水力致裂的有效性。

邓广哲等人[52-53]提出了煤表面能的测量方法，构建了裂解煤注水软化条件的物理判据表达式，并且对水力裂缝的形成和扩展、煤层渗透率的变化和水力作用相互间的联系进行了系统的测试，得到水压裂缝破坏煤体结构的力学机制。

沈逸飞等人[54]利用数值模拟对水射流冲孔过程进行研究，探究煤岩在高压水射流冲击下的破碎规律及裂隙发育状态，分析水射流水柱冲击有围压与无围压的煤岩时掏槽成孔的过程及机理，并论证了煤岩体在拉伸力和剪切力的作用下导致横纵向裂隙形成并逐渐延伸成裂隙网的过程。

郝富昌等人[55]通过分析钻孔周围煤体力学特性，建立结合煤体扩容特性和塑性软化的黏弹塑性模型，研究表明钻孔周围煤体具有塑性软化、扩容和流变特性，软煤层钻孔具有更好的卸压效果。

易恩兵等人[56]通过借助 FLAC 有限元数值模拟软件对软、硬煤层大直径钻孔卸压效果进行系统分析，得出冲击地压矿井软煤层钻孔卸压效果比硬煤层好。

林柏泉等人[57]对钻孔周围的应力分布进行研究，得出限制其影响范围的主要因素为“瓶塞效应”，通过进行割缝可以消除“瓶塞效应”，并提出通过增大缝槽深度来增加钻孔影响范围的方法。

撒占友等人[58]建立了等围压三轴应力状态下含瓦斯煤岩变形破坏电磁辐射记忆效应的力电耦合模型，测定并分析了单轴压缩状况下含瓦斯煤岩变形破坏电磁辐射记忆效应的力电耦合规律。

陈建忠等人[59]系统分析了封孔长度与巷道应力“三带”的关系，并采用数值模拟和现场实测的方法得到了巷道应力“三带”的分布特征，确定了顺层抽采钻孔的合理封孔长度。

肖晓春等人[60]依据唯象理论、连续介质力学等，建立了在超声激励中机械及热效应导致的有效应力和损伤量的理论模型。之后通过实验，拟合得到了渗透率与气体压力之间的经验公式，建立了煤岩气测渗透率、有效应力和二次损伤量间的关系模型。

李晓昭等人[61]针对钻孔、巷道周围流体压力的分布和变化对围岩变形和应力状态影响是涉及多个变量、多种响应的动态耦合过程问题，以钻孔排放瓦斯为例，通过数值模拟，结合宏观观测结果和微观机制的分析，对其规律和一些工程现象与措施的机理作了初步分析。

张飞等人[62]为研究钻孔破裂区漏气的根本原因，通过理论分析和数值计算以及建立煤层钻孔围岩损伤模型进行研究，发现钻孔内部的支护压力可以提高钻孔的稳定性，减小钻孔周围的损伤范围。

周宏伟等人[63]采用核磁共振研究深部煤体在氮气驱水与渗流过程中的流体运移和分布，以及深部煤体原始状态与各级围压状态下的煤体内部孔隙的分布情况，对现场圆柱形煤样试件进行实验，发现随着围压的增加，其孔隙率是先增加再减小最后趋向于不变，其吸附孔数量变化规律趋近孔隙率的改变。

李根等人[64]相关人员在一般情况下，往往根据 RFPA 数值分析方法和并行计算技术，构建了反映岩石细观损伤演化过程的三维渗流-应力-损伤耦合模型。得出起始裂纹均为张性及裂纹扩展形式、表面平整度、走向、扩展失稳过程及应力状态对裂纹的空间分布形态影响规律。

李术才等人[65]通过 CT 机配套加载装置，结合相似材料，对单裂纹含水和不含水的标准试件进行了 CT 实时检测化学实验，以观测裂纹扩展的全过程。探讨试件在不同复杂应力常态和原生裂纹处于不同地下水压的情况下，裂纹萌生、演化、发展和最终失效的具体形式。

张广清等人[66]根据最大拉应力准则和极值拉格朗日方法，构建了水平井筒周围水力裂缝的空间方向模型，用于分析三维空间作用下水平井筒水力裂缝的起裂地应力和井筒内压力裂缝位置和扩展形状。

李连崇等人[67]在一般情况下，往往根据经典的 Biot 渗流力学基本方程和弹性损伤理论构建了岩石损伤演化过程的渗流-应力耦合模型，并借助渗流-应力耦合分析系统 F-RFPA 对岩石损伤和压裂过程对水力压裂过程中的裂纹萌生、扩展、渗透率演化规律及渗流-应力耦合机制进行了模拟分析，初步揭示了水力压裂过程中岩石失稳的力学行为。

曾冬艳等人[68]为探索高应力软岩巷道遇水劣化后的变形特点及破坏形式，

利用数值模拟分别从围岩的塑性发育、剪切应力分布及沿深度范围内岩层的移动等角度，分析了岩石轻微、中等及严重3种劣化情形下的围岩变形情况，表明巷道底板及一侧帮部是劣化后的高应力软岩卸荷的关键位置，顶板受劣化影响较弱。

刘新荣等人[69]为分析库岸边坡稳定性，采用数值模拟对岩石在饱和与风干状态不断交替的损伤劣化进行研究，发现随着循环交替次数增加，砂岩的内聚力、内摩擦角均会产生一定的损伤。

安其美等人[70]通过水压致裂地应力测量，获得了断裂带两侧地表浅部构造应力的大小、方向和分布特征，并结合库仑摩擦滑动准则分段研究了断裂带的性质和活动性。

黄炳香等人[71-72]结合煤矿硬顶具有硬度高、整体性好、层厚大等特点。采用水压致裂弱化顶板，揭示了围压主应力差、排量、层面与原生裂隙等对水压裂缝扩展的影响规律，提出坚硬顶板水压致裂控制的理论与成套技术框架。

汤明高等人[73]为探究川藏交通廊道沿线典型岩石冻融循环条件下的劣化规律，进行冻融循环条件下岩石加卸载实验。研究表明，随着冻融循环次数的增加，岩石抗压强度损失率变大，黏聚力降低快，内摩擦角也减小得快，弹性模量逐渐下降，泊松比逐渐增加。

陈立超等人[74]利用小尺寸样品压痕实验对比研究了清水、活性水、高黏活性水、瓜胶压裂液体系浸泡后高阶煤力学性质变化特征，表明活性水压裂液浸泡对高阶煤软化损伤效应最小，压裂液分子侵入高阶煤结构中导致自然裂隙端部产生应力集中致使煤岩断裂韧度降低。

1.2　岩体能量演化规律研究现状

随着浅部矿产资源的枯竭，采矿工程逐渐从浅部向深部延伸[75]，深部岩石具有高度的非线性和各向异性。深部巷道在采场的强烈扰动下引起的岩爆[76]、冲击地压[77]、顶板冒落[78]等巷道灾害困扰着采矿行业的健康发展。现有的岩石力学理论难以彻底地解决或者消除深部矿井的巷道灾害。为探究岩石破坏的内在原因，从能量角度对岩石的破坏全过程、塑性区的形成与演化开展了研究分析，逐渐形成了岩石力学能量理论。国内外大量学者研究了各种情况下岩石应力变化引起的能量存储、耗散、释放、转移规律，进一步促进和丰富了岩石力学理论，为岩石工程的设计与施工提供了理论指导。

谢和平等人[79-81]根据广义热力学认为岩石的能量耗散即是一种损伤演化。为了定义适用于岩石的损伤变量及其演化方程，对岩石进行加载实验，研究发现能量在岩石变形破坏过程中起着根本性作用，其中一部分能量被不可逆地损耗，这部分损耗的能量造成了岩石的损伤，岩石中储存的能量突然释放最终导致岩石的失稳破坏。最后提出了如图 1.1 所示的耗散能与可释放应变能的量值关系模型，其中可释放应变能的计算推导表达式为：

$$U^{e}=\frac{1}{2E_{0}}[\sigma_{1}^{2}+\sigma_{2}^{2}+\sigma_{3}^{2}-2\nu(\sigma_{1}\sigma_{2}+\sigma_{2}\sigma_{3}+\sigma_{1}\sigma_{3})]$$

式中，E_0 为初始弹性模量；ν 为泊松比；σ_1 为最大主应力；σ_2 为中间主应力；σ_3 为最小主应力。

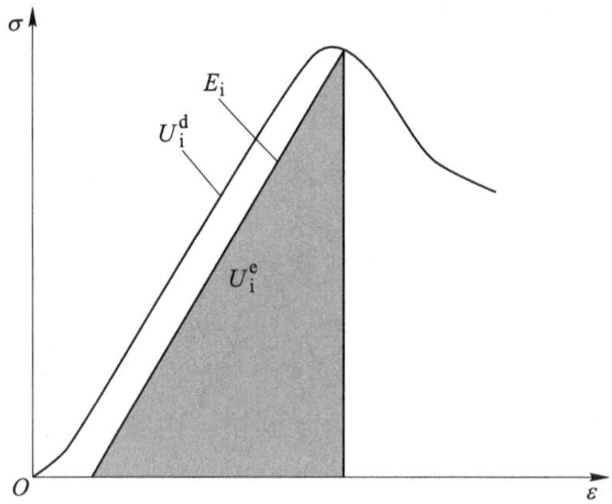

图 1.1　能量耗散 U_i^d 和可释放应变能 U_i^e 的量值关系

华安增[82]认为巷道的开挖会引起巷道围岩的能量集聚，当应力场发生的变化造成围岩所存储能量高于该应力条件下的储能极限时，多余的能量将被释放或者转移，当围岩发生破坏或塑性变形所消耗的能量小于释放能量时，剩余的能量可能将破碎的岩石推移或抛出。

如图 1.2 所示，左建平等人[83]通过研究认为岩石变形破坏过程大致分为 5 个阶段，分别为岩石内部微裂纹闭合（OO_1 段）、岩石发生线弹性变形（O_1O_2 段）、稳定破裂发展阶段（O_2O_3 段）、不稳定破裂发展阶段（O_3A 段）、应力跌落阶段即岩石破坏的灾变阶段（AB 段）。A 点为可释放应变能存储量的拐点，其中 A 点前 U^e 保持继续增长，之后 U^e 开始减小，因此可以确定 A 点 U^e 达到最大值。

彭瑞东等人[84-85]采用砂岩的循环拉伸实验对岩石基本力学行为进行研究，发现在加载过程中，所做的总功除了引起岩石弹性变形能的增大外，还有一部分被耗散，最终造成了岩石发生不可逆的损伤。对岩石进行三轴循环加卸载实验研究，最终得出了各种加载模式下煤岩损伤演化过程的能量转化机制，给出了基于能量分析的损伤变量定义及其演化规律。

鞠杨等人[86]研究发现岩石能量耗散比与节理面的分形维值之间存在非线性

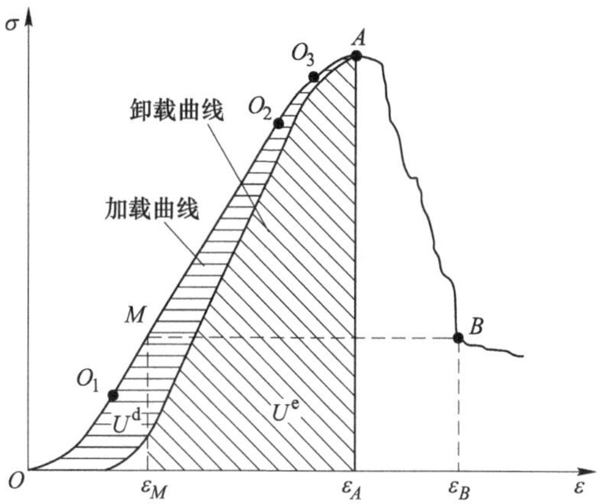

图 1.2 脆性岩石应力-应变全过程典型曲线

关系，节理面的分形维值越高其变形所消耗的能量越高，同时，在相同入射波条件下，节理面越粗糙，则应力波衰减程度越大。

谢和平等人[87]通过实验和理论分析得出了岩石损伤演化方程，通过循环压缩载荷实验，实测在不同加载速度以及载荷的条件下，岩体内可释放应变能、耗散能、弹性模量及泊松比的变化规律，以此为依据，通过理论分析得出复杂应力条件下卸荷弹性模量的变化公式。

黎立云等人[88]根据对砂岩试样进行的静加载与普金森杆冲击实验数据，得出动态冲击条件下峰值应力可达静加载的 1.9 倍。且相对于静加载实验，达到相同的破坏程度，动态冲击消耗的能量更少。

鞠杨等人[89]为揭示孔隙岩石变形破坏机理，研制了具有与天然砂岩相同的孔隙结构特征和基体性质，但孔隙率不同的岩石类孔隙介质的物理模型，并构建了具有不同孔隙率的孔隙结构三维有限元模型。通过数值模拟得到了孔隙率与能量耗散率具有良好的线性相关性，物理模型实验结果同样验证了该演化规律。

雷明锋等人[90]为了解决既有岩石损伤计算方法存在单轴加载和循环加载时能量计算结果不一致的问题，提出了基于损伤释放能的岩石损伤计算方法。研究得出耗散能和岩样破坏时释放的弹性能均与岩样的损伤状态相关，并且得出单轴压缩和循环受压情况下同种类型岩样破坏时的总损伤释放能大致相同，能够在仅有单轴加载结果的前提下分析循环加载期间岩样的损伤演化。

夏昌敬等人[91-92]采用 SHPB 实验装置及测试系统对一组孔隙率不同的人造岩石进行了冲击实验。实验结果表明，实验装置的冲击速度一定时，孔隙率高的试样耗散能大。实验同时得出，孔隙率越高的试样临近破坏时，其所耗散的能量越低。说明孔隙率高即损伤严重的试样，越容易被破坏。

朱贝贝[93]研究了岩石破裂发展时的能量耗散和能量释放机理，通过耗散结构理论分析出岩石破裂过程中的能量耗散特征。并通过岩石单轴压缩实验，推导出岩石能量耗散值的计算公式。

赵忠虎等人[94]先从理论上分析了用能量方法研究岩石破坏问题的合理性，并从大小两个不同角度分析了在不同的变形阶段中，岩石将发生怎样的能量耗散与能量释放。实验结果表明，岩石灾变破坏的根本原因是能量的释放。

KRAJCINOVIC 等人[95]根据如图 1.3 所示的 Najar 能量损伤理论认为，混凝土在完全无损状态下其应力应变对应一条固定斜率的直线 OA，而实际的单轴压缩加载状态下为有损状态，其应力应变对应一条曲线 OC。损伤越严重则 A 点与 C 点对应的量值差距越大，因此将混凝土无损状态下 OAB 所围的三角形面积定义为 W_{perf}，有损状态下的单轴压缩实验中外力所做的功定义为 W_{PE}，W_D 为二者的差值，Najar 定义的损伤变量 $D^*(\varepsilon)$ 的数学表达式为：

$$D^*(\varepsilon)=\frac{W_D}{W_{perf}}=\frac{W_{perf}-W_{PE}}{W_{perf}}=\frac{\frac{1}{2}E_0\varepsilon^{*2}-\frac{1}{2}\sigma^*\varepsilon^*}{\frac{1}{2}E_0\varepsilon^{*2}}=1-\frac{\sigma^*}{E_0\varepsilon^*}$$

式中，W_{perf}为混凝土无损伤状态下外力所做的功；W_{PE}为混凝土实际损伤状态下外力所做的功；E_0 为混凝土初始弹性模量；ε^* 为混凝土压应变；σ^* 为受损混凝土试件中的分形应力值。由损伤状态与无损伤状态下的应力-应变曲线图（图 1.3）可知，在应变为 ε^* 的受力全过程中，W_D 与 W_P 为不可恢复的，只有 W_E 为可恢复的弹性应变能。且三者之和相加正好等于无损状态下外力所做的功 W_{perf}。

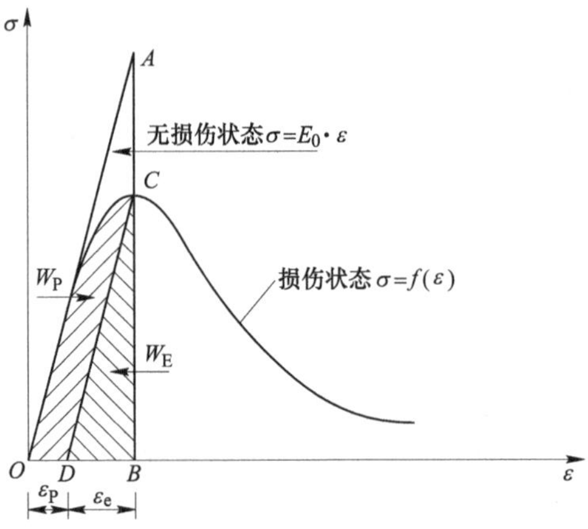

图 1.3　Najar 能量损伤模型示意图

赵阳升等人[96]提出了岩体动力破坏的最小能量原理：单向应力状态的破坏能量是岩体动力破坏实际需要消耗的能量。此外肯定了岩体动力破坏的最小能量计算公式，为：

$$E_{f,\min} = \sigma_c^2/(2E) \quad 或 \quad E_{f,\min} = \tau_c^2/(2G)$$

式中，σ_c 为单轴抗压强度；τ_c 为单向抗剪切强度；E 为弹性模量；G 为剪切模量。

孔存芝等人[97]对岩体原始裂隙的扩展、贯通是导致岩体失稳破坏的重要原因这一理论，开展了含不同角度裂缝的细砂岩实验研究。利用 MTS 刚性压力机对其进行加载，利用声发射监测系统对加载全过程进行实时监测，经研究得出在耗散能的驱动下岩体发生损伤破坏，宏观裂纹的形成相比微裂纹的发育、生长需要更大的耗散能。

谢晶等人[98]以特厚煤层开采扰动为工程背景，开展了不同加载速率下煤岩三轴力学参数、损伤破断行为以及能量演化差异性规律研究，指出在不同加载速率下，煤岩力学行为存在显著差异，均存在临界加载速率区间且加载速率效应与外部围压效应存在博弈，从而导致煤岩力学行为的加载率效应。

谢和平等人[99]根据我国页岩气储量巨大，但难以商业化开采的实际，分析了当前水力致裂等技术存在的问题，提出了储层改造的体破裂理论及技术构想，为岩体高度破裂提供了新的研究方向。

马骥等人[100]认为当软弱异性体发生塑性变形或者破坏时，仍然可以用弹性能密度等效公式计算含软弱异性体的弹性能，只是单元体的泊松比、三向主应力等参数为塑性状态下的量值。

刘晓辉等人[101]利用霍普金森压杆对煤岩展开不同围压和应变率的动态冲击压缩实验，在 SHPB 耗散能计算弹性能的基础上，讨论煤岩不同初始应力水平和应变率下煤岩的能量释放特征，并进一步探究了能量释放对岩石破碎的影响。

梁鹏等人[102]为了研究巷道岩爆的发生机制，通过双轴加载条件下巷道岩爆声发射监测实验，分析巷道岩爆过程宏观破坏特征，并与现场岩爆发生过程进行对比，分析了岩爆宏观破坏过程能量积聚、释放规律及能量的时间效应。

王之东等人[103]为了定量计算冲击地压发生时伴随的能量释放量，设计了型煤模型单轴压缩实验，采用高速摄影仪实测了煤柱压溃时抛射体的弹射速度，计算获得了煤柱破坏时的能量释放情况；对模型破坏前后能量变化进行了有限元计算，最终得到了煤柱破坏时碎块弹射速度的理论统一值。

陈国祥等人[104]通过建立煤层内震动应力波传播模型，并利用数值模拟，对受采动影响的煤岩结构研究，发现深部岩层存储的能量释放产生了应力波，造成煤岩体结构产生破坏，引起煤层冲击危险性增大。

高魁等人[105]通过大量实验研究发现定向聚能爆破可以使爆破作用集中在岩体方向，减少应力波对构造区域煤岩体的扰动。

张永将等人[106]基于应力波效应对水射流破煤机理进行研究，得出了超高压水力割缝卸压增透原理，并将研制超高压水力割缝成套装置应用于现场明显改善煤层的透气性，实现快速卸压增透。

魏晨慧等人[107]以数值模拟为手段，研究了不同节理角度和地应力条件下岩石双孔爆破的结果。结果表明，双孔中间有导向孔更容易使双孔裂纹进行贯通，无地应力更容易促进裂缝的扩展和发育，节理的存在对裂隙的扩展具有导向作用。

王同旭等人[108]为研究工作面开采遇断层时断层渐进破坏过程及能量释放规律，通过数值模拟与双轴加卸载实验，分析指出在采动影响下，距煤层较远的高位顶板处断层水平应力降低，距煤层较近的顶底板处断层垂直应力增大，会出现剪应力减小，并伴随着能量的释放。

谭彦等人[109]通过理论分析和建立巷道围岩能量释放模型，研究得出了巷道围岩能量释放的机理，并且发现冲击破坏所释放的能量大小受应力集中系数和冲击体宽度影响。

鞠文君[110]提出了巷道支护的能量校核设计方法，在巷道支护设计时，通过数值模拟手段计算得到围岩破坏释放能量与吸收能量之差。用该值减去所设计的支护系统构件吸收能量，如果结果小于0，则认为支护参数合理有效；如果结果大于0，则需要重新设计支护参数。

丁传宏等人[111]认为对于顶板型冲击地压，在已知岩性的情况下其断裂释放能量约为常数，顶板断裂特征一般遵循低位到高位的变化特点，根据采空区顶板垮落“三带”高度和微震定位震源位置，统计每一循环顶板能量释放情况，找出能量释放的正常统计量，动态对比分析了回采期间每一循环内顶板能量释放情况，可评价后期一个循环内回采期间的冲击危险性。

冯龙飞等人[112]针对回采速度对采场围岩弹性能释放的影响机制，通过理论分析、数值模拟、现场实测的方法，解释了回采速度对采场支承压力-顶板破断释放能量的影响，实现了开采过程中采场围岩矿震能量的时空演化特征模拟，统计了回采速度对矿震能量、频次分布的影响结果。

左宇军等人[113]利用动态版的岩石破裂过程分析系统 RFPA2D，通过分析动力扰动对深部巷道破坏过程的影响以及不同深度或受不同静压力的岩石巷道在动力扰动下的破坏规律，发现对于不同埋深的巷道，所处稳定状态受所受应力状态的影响。

曹安业等人[114]通过系统研究巷道底板的冲击诱发机理，提出底板卸压防冲原理，通过改变巷道底板的抗弯强度来降低巷道底板冲击诱发条件。同时采用 FLAC3D 数值模拟，对底煤巷道和硬底巷道采取的大直径钻孔、卸压槽等众多措施解危效果进行比较分析，得出了大直径卸压钻孔与卸压槽结合的防冲措施。

王同旭等人[115]为研究工作面开采邻近断层时断层活化致灾机理，通过理论分析与数值模拟的手段，分析了断层面应力场、位移场变化规律，计算出断层活化释放能量及传递到工作面的剩余能量。

姜福兴等人[116]通过探讨震动场、应力场和位移场3级冲击危险监测预警机理，提出了单参量特殊预警与多参量常规预警相结合的预警机制，设计了掘进影响区、回采影响区和不受采掘影响区的分区联合监测方法。

朱斯陶等人[117]通过现场实测、岩石力学实验及理论分析等方法，研究了冲击危险区的卸压指标，提出“能量耗散指数”的概念，根据该指数设计了防冲钻孔参数，同时通过研究发现冲击能量与能量耗散之间具有关联性。

LI等人[118-119]通过现场试验系统、FLAC3D数值模拟、力学模型分析，认为预留巷道的变形和破坏主要表现为工作面后方区域的不对称大变形，甚至出现冒顶现象。针对预开挖的双EWC动压较大，导致EWC周围围岩的不稳定性这一问题进行研究。研究了巷道破坏模式及支承压力的分布特征，从理论上分析了支承压力的作用，分析了最终过程中EWC应力场和塑性区演化规律。图1.4为采动水平应力与垂直应力距工作面不同距离处的压力变化曲线。

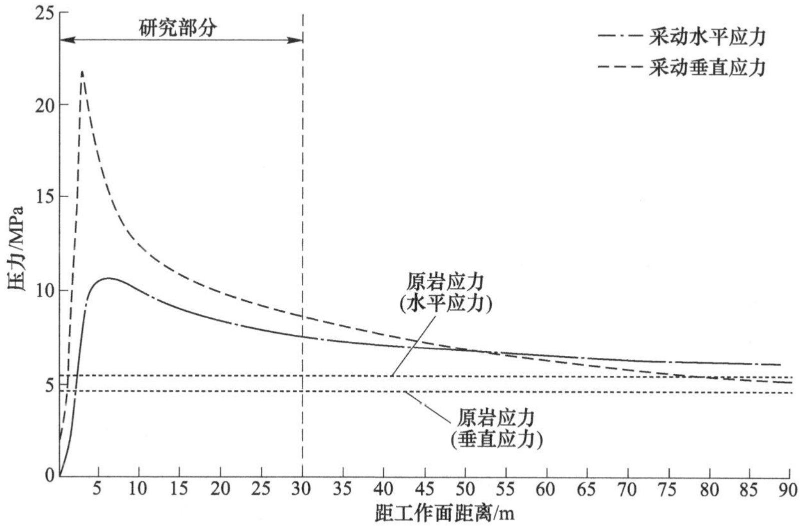

图1.4　采动垂直应力与水平应力分布情况

1.3　围岩吸能控制技术研究现状

锚杆（索）支护已经成为我国矿山巷道支护的主要支护方式，国内外大量学者对锚杆（索）支护进行了深入的研究，但随着矿山井巷工程埋深的增加，深部巷道的维护条件越来越困难[120]。大能量动力载荷下，维护巷道围岩的稳定是当下锚杆（索）支护研究的热点。国内学者结合工程现场实际，提出了可缩性支架、锚架充、缓冲垫层、注浆加固、全长锚固、恒阻大变形锚杆（索）、吸能锚杆、三级吸能支护、高延伸可接长锚杆、切顶卸压等围岩吸能控制技术。

国外自从20世纪40年代以来在井下使用锚杆支护，其技术飞速发展，现在已经成为煤巷中的一种主要支护结构。国外锚固技术以澳大利亚[121-122]、美国[123]最为发达，到了20世纪80年代以后，一些国家（如英国[124]、法国、德国、苏联、波兰、日本等）曾以U型钢或工字钢支架作为回采巷道让压吸能的支护结构，也对锚固技术进行了大力发展并投入应用。美国因其煤层埋深比较浅、岩层强度较高且地应力比较低，所以在围岩稳定控制的作用机理方面更为倾向于悬吊围岩裂隙区重量，而英国、澳大利亚两国的巷道一般主要受到水平应力的影响，尤其与英国相比来看，澳大利亚的巷道围岩变形量和最大水平应力[125]要更为剧烈，英国和澳大利亚采用全长锚固，降低了钻孔的影响，取得了较好的应用效果。

马念杰等人[126-127]自主研发了适用于围岩条件和生产技术条件较差的梯形巷道的工字钢可缩性巷道支架，与刚性支架相比该支架在技术上可行经济上合理，而且结构简单。能够适应于大变形巷道的支护，保证巷道的通畅。

康红普等人[128]采用煤矿井下小孔径水压致裂地应力测量装置，在多个矿区进行地应力测量，得到了浅部煤矿井下地应力分布特征与变化趋势，与深部煤矿进行了比较，并将地应力测量数据应用于浅部煤矿煤柱尺寸优化、锚杆支护参数设计。

张农等人[129]认为巷道开挖造成围岩损伤，距离巷道表面越近损伤越严重。基于锚杆锚固到更深处有利于控制围岩变形，提出了高效长锚固技术，该技术的应用减小了支护钻孔的密度。

姜鹏飞等人[130]针对孜东矿深部软岩巷道非对称大变形、支架折断、锚杆（索）破断等巷道灾害治理难题，提出了锚架充的大变形巷道灾害治理技术。锚架充的现场试验结果表明，锚杆主动支护、U型钢支架让压可缩、架后充填保证支架受力均匀，可以有效维护非对称大变形软岩巷道的安全稳定。

吴拥政等人[131]针对锚杆冲击载荷下，锚杆托盘过载失效的问题，分别设计实施了无缓冲垫层和缓冲垫层为橡胶垫、废旧皮带、松木和泡沫铝材质时，冲击载荷下构件的冲击力的作用时间和冲击力峰值对比实验。结果表明，缓冲垫层具有延缓冲击力作用时间，减小冲击力峰值的作用。

刘泉声等人[132]自主研发了裂隙岩体试样注浆加固试验系统，创新提出了一种室内制备裂隙岩体试样的方法，通过裂隙岩体试样注浆前后的力学参数对比发现，注浆可以有效提高裂隙岩体的力学性能。

赵庆彪等人[133-135]运用理论分析、室内实验、数值计算和工程实践相结合的方法，针对锚杆滑移脱黏失效机理进行了相关研究，并揭示了其机理，从而进一步地提出了巷道围岩锚固支护的参数设计和优化方法。并对帷幕注浆法进行了优化改进，提出在巨厚冲积层下开采防砂、防塌煤柱时，顶板发生流砂事故的原因，采取打破以往常规的处理办法，采用高压劈裂注浆方法治理顶板冒顶溃砂事故，在具体应用中取得了良好的效果。

邹光华等人[136-137]基于多元正交多项式回归参数优化设计进行实验研究和优化设计，结合 BP 神经网络进行样本训练，得到了能预测特定配方注浆材料力学性能的 BP 神经网络模型，实现了注浆材料的建模，通过对比较多的目标同一时间进行了配方优选和考察，改进了只能对于一个目标进行配方优选和考察的传统配方优化方法的缺点，并提出了有机注浆加固系统。

梁东旭[138]针对当前非对称大变形巷道端头锚固不能有效控制围岩变形及锚杆容易破断等问题，就全长锚固下，锚固体损伤演化规律、锚固止裂方面进行研究，结果表明相比于端头锚固，全长锚固在巷道围岩控制方面具有明显优势。

刘小虎[139]针对现有全长树脂锚固剂锚固时推进困难，锚杆难以到达钻孔底部的难题，自主研发了强度高、稠度适宜的锚固剂。并将该锚固剂应用于井下锚杆施工现场，结果表明，与端头锚固相比全长锚固可以有效控制围岩变形。全长树脂锚固剂的研发，为矿山巷道锚杆支护采取全长锚固提供了技术途径。

李怀珍[140]提出了煤巷锚固单元体的相关概念，在微观角度下分析了非全长锚固单元体“三体两面”的结构特点、荷载传递机理及其应力环境，总结分析了锚杆滑移破坏的三种形式、破坏状态和触发条件，并研制了一套集加载系统、力和位移采集系统、静态应变采集系统和声发射监测系统为一体的室内张拉试验系统。

孔恒等人[141]以国内外大量的锚固技术的试验和探究为出发点，比较全面地阐述了锚固技术及其理论研究的发展现状，分析之后认为，引入岩体锚固系统是解决锚固技术研究的关键问题。

腾俊洋等人[142]结合试验结果与理论解析公式发现，锚杆对岩体的锚固作用主要是通过改变锚固区域围岩应力状态和改善围岩力学参数来实现，而混凝土和钢拱架则可以为孔洞提供支撑压力，有效防止孔洞的剥落、片帮等破坏，有利于维持孔洞的完整性。

赵同彬等人[143]从锚固提高岩体整体物理力学性能方面，介绍了岩体锚固机理研究的进展情况，并详细讨论了锚固界面失效形式及界面应力传递的相关理论。

石红星等人[144]以成庄矿二盘区胶带机头硐室为背景，用数值模拟、现场试验等手段，对该硐室底板的稳定性和锚固作用机理进行了研究，并采取了对应措施，对较为破碎的底板岩层进行了注浆处理，增强了底板岩层的稳定性，经过现场工业性验证，取得了良好的效果。

常聚才等人[145-146]通过理论分析、现场测量和数值模拟的手段，对煤矿现场巷道底板的变形影响因素、巷道底板岩层的运移规律进行了大量研究，并且模拟了底板岩层在无支护情况下的破坏特征和变形量，提出了深井岩巷底鼓控制的超挖锚注回填技术，并在工程中投入应用。

蔡美峰[147]基于地应力测量的基本理论、指导原则，对水压致裂法和套孔应力解除法测试仪器的工作原理、主要优缺点以及在不同岩层条件下工作的可靠性和适用性进行了深入研究，并给出了详细论述和评价。

何满潮等人[148]自主研发了恒阻大变形锚杆，该锚杆主要由螺母、恒阻装置、连接套、锚杆杆体、托盘等组成。并在我国典型软岩巷道进行了试验，验证了恒阻大变形锚杆能够在围岩变形过程中，通过恒阻装置吸收围岩变形能，为软岩大变形巷道提供了可靠的支护。

孙晓明等人[149-150]以煤矿非对称大变形特征巷道为工程背景，建立了与其相对应的切顶卸压自成巷的力学模型，并运用数值模拟的手段，对切顶的高度和切缝的角度进行了细致研究，提出了切顶卸压条件下的恒阻大变形锚索支护方案。保证了巷道围岩的稳定性，验证了支护对策的有效性。

潘一山等人[151]提出了巷道冲击地压治理的三级吸能支护理论，并结合具体的工程实际，使用吸能锚杆锚索结合可缩性 U 型钢封闭支架、吸能液压支架联合支护的方式在两个矿井进行了巷道支护工程实践，取得了良好的支护效果。

王爱文[152]针对煤矿巷道冲击载荷下锚杆破断失效的机理，建立了冲击载荷下锚杆支护力学模型，研发了一种防冲吸能锚杆，并在煤矿巷道现场进行了普通锚杆与防冲吸能锚杆的对比工业性试验，验证了吸能对冲击载荷的适应性。

澳大利亚的 UGUR OZBAY 公司开发了 Roofex Bolt[153-154]，该锚杆设计了吸能结构，获得了较高的伸长率，并能够提供比较高的支护阻力，具有优越的吸能性能，但吸能装置需要较大的钻孔直径，给施工带来了一定难度。

夏洪满[155]利用科研团队自主研发的锚索静拉伸与落锤试验系统，对恒阻大变形锚索进行了静力拉伸与动力冲击试验，试验结果表明，恒阻大变形锚索具有优良的延伸能力和优越的吸能性能。

谢和平[156]认为，深部资源开采“强扰动”和“强时效”的附加属性会引发深部高能级、大体量的工程灾害，当前对深部工程灾害的机理认识不清，难以预测及有效控制上述灾害。其对传统岩石力学和开采理论在深部适用性方面存在争议这一难题的研究进展作了详细的总结，提出了更多专业的观点与理论。

马念杰等人[157]针对深部采场在回采巷道周围形成的双向非等压应力场，研究了巷道围岩塑性区形成的力学机制及其形态特征。研究发现偏应力越高越容易生成蝶形塑性区，且最大主应力与最小主应力决定了蝶叶的方向与破坏深度，当蝶叶正好位于巷道顶板时，最容易诱发巷道冒顶事故。

马念杰等人[158]通过对均质圆形巷道围岩的塑性破坏与爆炸式破坏进行类比研究，发现了巷道蝶形冲击地压的发生机理：在一定的应力和围岩条件下，巷道区域应力场受某种影响发生突变，从而导致围岩蝶形塑性区短时间内，出现急剧、跳跃式扩展，并将岩体内积聚的弹性能迅速释放，最终出现爆炸式破坏的动力现象。

马念杰等人[159-164]提出在现有的技术水平下，在困难条件下，支护体的支护阻力对巷道围岩变形的控制作用是有限的，对于在巷道支护中使用刚性大锚索的支护限制变形的方法应该摒弃，用有高延伸量的对接长锚杆来替代上述支护材料，对此类围岩的变形进行适应，提出了改用对接长锚杆来取代以往的支护技术，并加强了围岩变形和支护构件之间的协调性，有效防止锚索破断导致的巷道冒顶，并对可接长锚杆在各种复杂工程条件下进行了研究与应用。

贾明魁[165]为了解决巷道顶板岩层组合劣化隐蔽性极强的问题，根据风动锚杆钻机钻削破岩原理，采用 3 个与岩石特性密切相关的物理量，分别为锚杆钻机的钻进速度、转速和推力，研制开发了一种随钻探测仪器。

赵志强等人[166]通过研究圆形巷道围岩塑性区形态和扩展规律，提出了巷道围岩蝶形破坏理论，其研究结果，将巷道围岩破坏形态归为 3 类，分别为圆形、椭圆形和蝶形，并且通过理论推导以及数值模拟的验证，确定了巷道围岩 3 种基本破坏形态的数学界定标准和围岩应力判别准则。

郭晓菲等人[167]通过理论分析与数值模拟分析了蝶形破坏理论在不同巷道断面形状、层状围岩条件下的适用性。结果表明：不同巷道断面形状围岩的蝶形破坏具有相似性，且蝶形破坏规律可出现越层破坏，但是蝶形显现部位仍然符合蝶形破坏的数学界定，因此蝶形破坏理论在层状围岩条件下仍然适用。

马骥[168]采用了数值模拟和地震伴随客观物理力学现象综合分析等方法，通过研究发现了蝶形破裂与地震之间的联系，即蝶形破裂扩展与地震能量释放同时发生，蝶形破裂和地震的发生相伴相生。

肖宇[169]以巷道围岩蝶形塑性区理论为基础，研究复合顶板巷道的稳定性，发现导致复合顶板离层破坏的因素主要来自几个方面，分别是复合顶板所受的应力状态、顶板的承载结构、顶板的岩性、高水平应力等，在这些因素共同作用下，导致复合顶板岩层间发生剪切破坏，最终导致复合顶板里层破坏。

李冲等人[170]针对强动压巷道锚索易过载拉断的问题，通过理论分析与数值模拟，探究柔性支护系统围岩变形和能量变化的内在联系，揭示了强动压巷道高强柔性支护系统能量释放机制。表明了运用高强柔性让压支护系统，可有效控制强动压巷道的有害变形，支护效果良好。

为应对当前深部巷道支护面临的大变形等灾害问题，前述学者从支护理论分析、支护材料改进等方面作出了重要贡献。钻孔卸压法对于围岩控制有着重要作用。该方法的特点主要是将巷道的集中应力转移到巷道深部，卸压巷道会处于应力降低区，由此实现对巷道围岩的有效控制。切缝卸压、松动爆破卸压和钻孔卸压是最常用的卸压手段。通过研究发现，切缝的形状以及宽度和深度都对卸压的效果有着很大的影响，而且其效果与切缝时间和巷道开挖的时间也有着密切关系[171-172]。切缝卸压的机理与钻孔卸压比较相似，二者的钻孔都包含了底板钻孔与两帮钻孔，钻孔孔径、孔深和钻孔的数目是影响卸压效果的主要因素[173-174]。松动爆破的原理是通过爆破作业，使大量人为裂隙出现在巷道的底板或者两帮的围岩中，致使浅部的围岩与深部的围岩发生脱节，使集中应力转移到深部巷道，实现了应力集中岩层的有效卸载[175-176]。

张国锋等人[177]提出了切顶卸压自成巷的无煤柱开采方法，对沿空留巷的顶板进行超前预裂作业，从而使其顶板与直接顶和基本顶切断了联系，采场顶板将会通过周期来压的作用，沿着预裂的地方切落，形成巷帮，对巷道的稳定研究作出了突出贡献。

王猛等人[178]基于围岩强度参数衰减规律的室内实验结果，通过 FLAC3D 应变软化模型分析了深部巷道钻孔的卸压机理，并把卸压效果的直接评价指标分为围岩变形控制效果和应力转移效果，系统研究了卸压钻孔参数对深部巷道围岩稳定性的动态作用规律，提出了影响卸压效果的各关键参数的确定方法，完善了钻孔卸压技术体系。

刘红岗等人[179]研究了巷道围岩应力场重新分布以及动态损伤破坏发展过程，结果表明，合理布置卸压孔可以引起巷道帮部围岩结构产生预裂破坏，从而将围岩的高应力向深部传递。

焦建康等人[180]针对回采巷道冲击地压问题，以义马矿区动载冲击岩压巷道为工程背景，采取室内实验、现场实测和数值模拟相结合的方法，系统研究了动载冲击岩压巷道的破坏特征及破坏原因，得出了动载冲击地压巷道围岩“深部卸压-浅部强支-巷表防护”多层次控制技术。

宋希贤等人[181]基于钻孔卸压作用机理，系统研究了卸压孔与锚杆联合支护技术。并结合 RFPA2D-Dynamic 数值软件，得到卸压孔与锚杆联合支护可使巷道围岩形成一定承载结构，同时可使高应力向深部转移，改善围岩应力环境。

王维维等人[182]以煤矿现场 8 号煤层为工程背景，在煤柱的资源浪费和应力集中的问题上，对切顶卸压自成巷的无煤柱支护技术进行了研究。以深孔爆破技术为基础，采用了理论研究等方法，对采场顶板进行超前深孔预爆破，从而通过人为手段实现切顶卸压，使巷道受到的应力大大降低。

顾有富等人[183]针对回采工作面在基本顶垮落后形成的悬臂梁力学结构，同时结合其作用机理，从开采角度对切顶卸压自成巷的无煤柱技术进行了大量的分析和研究，通过巷道围岩的应力环境改变，使巷道的稳定性得到了提高。

王巨光等人[184]根据峰峰集团下属孙庄煤矿采煤工作面和巷道的地质概况，对顶板的预裂爆破进行研究并确定了合理的参数，通过对切顶卸压原理的研究和分析，得出了对应情况下的切顶卸压作业方案，并取得了良好的效果。

1.4 岩石能量损伤研究现状综述

钻孔的施工会对岩体造成损伤是学术界普遍认可的事实，然而少有学者将岩体钻孔损伤与煤矿采煤工作面采动应力场相结合，针对钻孔具体影响程度及其对岩体损伤弱化规律进行研究。岩体变形破坏的过程即能量积累与释放的过程，从能量方面更容易做到量化研究。因此，本书在前人的研究基础上，着重从以下几个方面进行研究：

（1）孔洞是岩体中最为常见的缺陷之一，众多学者通过理论分析、室内实验、数值模拟等手段，对处于无采掘影响阶段和掘进影响阶段的巷道（隧道）围岩钻孔损伤弱化理论方面进行了深入研究，取得了丰硕的研究成果。但对于大比值偏应力场下，孔洞岩体损伤弱化的具体程度，尚少有学者进行专门的研究。目前，实际工程中含有密集钻孔的岩体随处可见。因此，孔洞岩体的损伤弱化的量化研究是值得深入研究的一个课题。本书结合采场附近大比值偏应力场的工程实际，针对孔洞围岩损伤弱化的规律进行研究，对维护孔洞围岩稳定具有现实意义。

（2）国内外大量学者研究了岩石应力变化引起的能量存储、耗散、释放、转移规律，形成了岩石力学能量理论。岩体变形破坏的过程始终伴随着能量的积累与释放，在岩体中施工不同大小、数量的钻孔对其能量指标的影响也是不同的。然而少有学者将孔洞岩体损伤与能量指标衰减相结合，研究不同大小、数量的钻孔对岩体能量参数造成的损伤或衰减。本书以岩体单元释放能、熵增能的计算方法为基础，量化研究了不同大小、数量、布置方式条件下孔洞岩体损伤弱化的能量演化规律，为含孔洞岩体灾害预防提供了研究认识的理论依据。

（3）通过巷道吸能控制技术领域内主要文献整理分析，当前对增加锚索吸能性能的研究主要是从增加吸能装置、恒阻装置等方面进行研发探索的，而对于增加锚索钢绞线本体的延伸量和吸能能力方面的研究有所欠缺。为此，本书从锚索钢绞线本体材料出发，研制一种吸能锚索，并在生产矿井巷道进行工业性试验，验证了该支护方法对孔洞围岩控制的适应性，从而为控制孔洞围岩稳定增加了新的途径。

2　岩体损伤弱化应力环境及岩体单元能量量化计算方法

岩体变形破坏的过程始终伴随着能量的积累与释放[185]，在岩石中施工大小和数量不同的钻孔，对围岩能量释放的影响也有所不同。当岩体所处应力场水平较低时，钻孔的影响相对较小。但当岩体处于大比值偏应力场[186]（数倍于原岩应力的采动应力场）之中时，孔洞的影响程度将大幅增加。大比值偏应力场作用下，孔洞对岩石试样塑性区分布与扩展产生了重要影响。在该现象的启发下，本书通过 FLAC3D 数值模拟获得了不同直径孔洞对岩体力学性能的损伤弱化规律，结果显示：当孔洞直径不断增大时，岩体的力学参数损伤弱化程度不断加大。基于此研究成果，本章首先深入研究提出岩体单元释放能、熵增能的计算方法，为从能量方面对岩体孔洞损伤进行量化研究创造了基本条件。进而利用该计算方法揭示了孔洞直径增大时，含单一中心孔洞试样最大可释放应变能损伤率 α、接收外力所做总功损伤率 β、释放能占熵增能比例 λ、单位体积塑性区平均释放能的变化规律，为从理论上进一步研究孔洞影响下岩体损伤弱化能量规律奠定了重要基础。

2.1　岩体损伤弱化研究的工程背景

巷道（隧道）根据安装、钻探工程的需要，需要在岩体内施工一定规律的孔洞。受采矿等活动的影响，巷道（隧道）的某些区域往往存在数倍于原岩应力的采动应力场（大比值偏应力场）[187]。因此，当含孔洞岩体在大比值偏应力场下产生的塑性区相互影响时，往往出现了多个孔洞塑性区相互连通或叠加等现象，这使得被扩大的塑性区更易于引起岩体的整体失稳，从而对岩体工程的整体稳定性产生重要影响。

2.1.1　煤矿井下大比值偏应力场环境及其特征

蝶形理论和蝶形破坏机理中均提及，随着最大与最小主应力比值的增大，岩体塑性区呈现圆形—椭圆形—蝶形的破坏过程，同时由孔洞引发的破坏深度会出现突变性的增大。这意味着两个远距离孔洞，在应力差距不大或者三向等压状态时往往不会产生相互影响，没有必要将它们纳入统一模型中进行研究。但是在大比值偏应力场的情形下，孔洞周围可以形成深度数倍甚至数十倍于孔洞直径的蝶形塑性区，当相邻孔洞塑性区有相互影响时，则必须纳入同一模型进行研究。

为避免高密度孔洞所产生的塑性区相互连通或叠加引起冒顶等失稳破坏事故，大比值偏应力场下含孔洞岩体的损伤弱化研究，对于维护岩体稳定确保施工人员安全具有现实意义。

在煤矿采煤工作面附近巷道的一定范围内，或者侧向某一范围内［图 2.1（a)］，存在着大比值偏应力场，文献［118］和［119］中对该大比值偏应力场进行了计算。结果显示，在回采工作面侧向一定范围内，最大主应力与最小主应力的比值普遍超过了 3［图 2.1（b)］，当工作面回采与其他采掘活动有时空交叉时，区域应力叠加导致最大主应力与最小主应力的比值继续增大。这种环境下，围岩内的孔洞周边会形成各自的蝶形塑性区，当塑性区相互连通时，便导致了围岩整体承受高应力水平的能力下降。

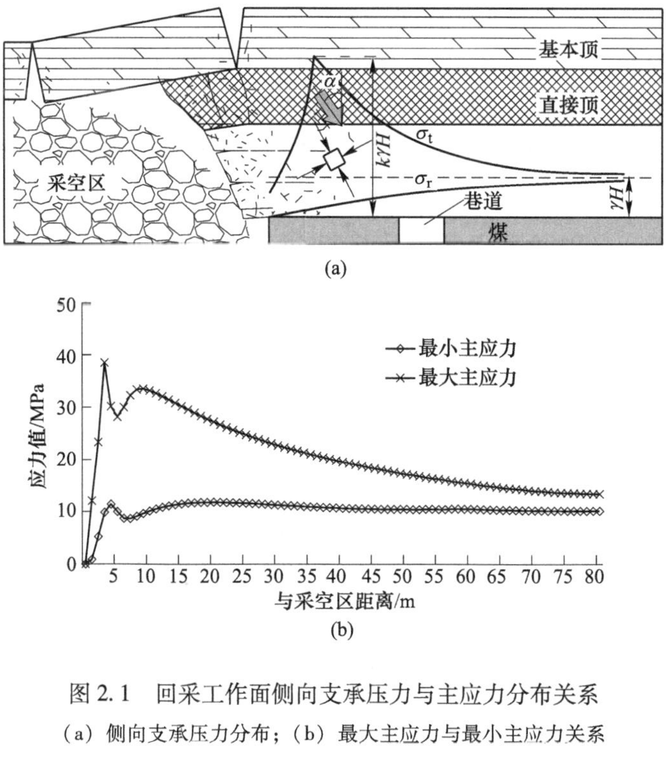

图 2.1　回采工作面侧向支承压力与主应力分布关系

（a）侧向支承压力分布；（b）最大主应力与最小主应力关系

2.1.2　孔洞对岩石试样塑性区分布与扩展的影响

蝶形理论[188]以往研究仅讨论一个孔洞周边的破坏形式，然而实际工程问题中，经常涉及多个孔洞互相影响的情况，比如密集的卸压钻孔[189]、瓦斯疏放钻孔、管路电缆安装钻孔、水力压裂钻孔[190]等。理论上，由于施工多个孔洞造成了岩体的损伤加剧，密集钻孔会造成岩体的储能极限、峰值强度等指标下降。但具体损伤的程度如何，少有学者将巷道多钻孔围岩与煤矿采煤工作面采动应力场相结合，因此针对多个钻孔对围岩塑性区分布与扩展影响规律进行研究。

为研究多个钻孔对围岩塑性区分布与扩展的影响，采用应变软化模型[191-192]，对不同位置、数量条件下的多孔洞岩块进行 FLAC3D 数值模拟分析，模型的尺寸为 250 mm×150 mm×250 mm(长×宽×高)，结果如图 2.2 所示。当仅有 1 个钻孔时，在破坏的后期，钻孔周边出现的塑性区形态为蝶形塑性区［图 2.2（a)］，但当布置 2 个钻孔时，情况发生了改变，塑性区的形态并未呈现蝶形，而是仅出现了一条斜切式破坏，该种情况的出现，与塑性区的产生、扩展、扩散情形具有较大关系，说明当 2 个钻孔沿对角线方向布置时，塑性区更容易在钻孔连线方向上进行扩展破坏［图 2.2（b)］。图 2.2（c）显示，3 个钻孔沿三角布置时的塑性区分布结果同样印证了塑性区定向扩展并相互连接的实际情况，钻孔改变了塑性区的扩展方向。如果钻孔恰恰在其他钻孔引起的蝶形塑性区蝶叶方向[193]时，那么该钻孔会加剧该方向的塑性区扩展程度，从而引发破坏沿着更容易扩展的方向发展。

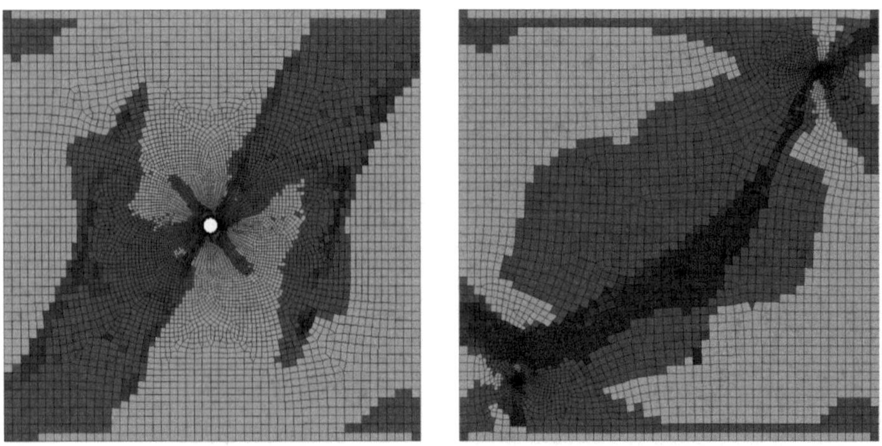

(a)　　(b)

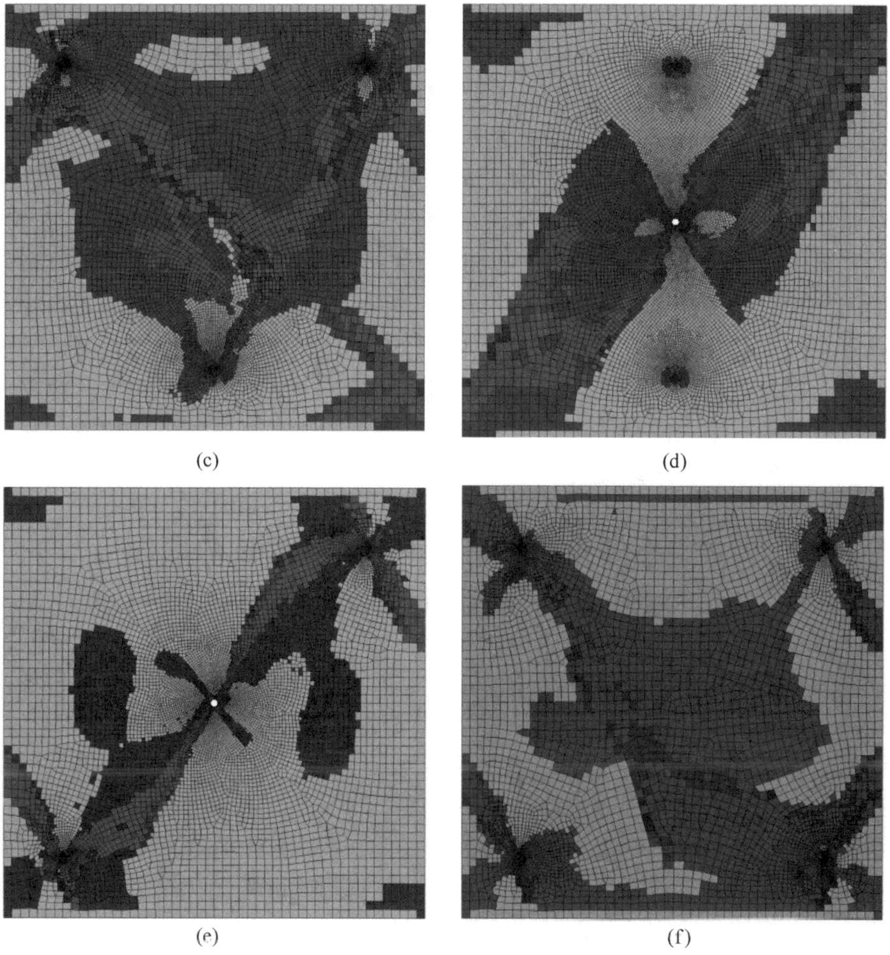

图 2.2　不同钻孔数量时塑性区的扩展对比

(a) 1 个 $\phi6$ mm 钻孔；(b) 2 个 $\phi6$ mm 钻孔（对角布置）；(c) 3 个 $\phi6$ mm 钻孔（三角形布置）；(d) 3 个 $\phi6$ mm 钻孔（竖向布置）；(e) 3 个 $\phi6$ mm 钻孔（斜向布置）；(f) 4 个 $\phi6$ mm 钻孔（平行布置）

若中间钻孔导致的塑性区扩展方向并未经过其他钻孔，即会降低其他钻孔对于试样的影响程度，该现象在图 2.2（d）中可以体现。当 3 个钻孔垂直布置时（钻孔圆心的连线方向与最大主应力方向一致时），上下 2 个钻孔并未在中间钻孔的蝶叶方向上，其对塑性区的扩展帮助较小，从而降低了其他钻孔对中间钻孔的影响程度。

上述现象表明，钻孔的数量和位置对于塑性区的分布和扩展具有显著影响。为了更好地体现该事实，研究了对角线方向布置 3 个钻孔数值模拟结果［图 2.2（e）］，结果显示，由于增加的钻孔恰巧在蝶叶扩展方向上，3 个钻孔的塑性区沿着对角线方向进行了定向的扩展最终贯穿到试样边界。该种钻孔布置条件下，大概率降低了整个试样的承载能力（强度指标等）。图 2.2（f）中显示了 4 个钻孔为正方形布置时的塑性区分布形态，结果显示，由于 4 个钻孔均不在互相的蝶叶发展方向上，4 个钻孔周边均形成了蝶形塑性区的形态。当钻孔的塑性区相连时，大概率造成了试样的严重破坏。

以上数值模拟结果表明，孔洞数量对于试样塑性区分布形态影响较大，当钻孔数量仅为 1 个时，后期的大比值应力场会导致钻孔周边形成蝶形塑性区。当增加的钻孔引起了多个孔洞的塑性区能够相互连通时，增加的钻孔会引发试样以更短的路径贯通到试样边界，从而进一步降低了试样的强度和承载能力。当增加的钻孔不在主导钻孔塑性区蝶叶扩展方向时，由于叠加效应并不明显，试样的多孔塑性区大概率难以相互连通或者连通更加困难。多个钻孔生成的塑性区能够相互连通或者叠加，增大的塑性区会引发试样以更短的路径贯通到试样边界，从而可能降低试样的强度和承载能力。

2.2 不同直径孔洞影响下岩石试样损伤弱化数值模拟结果的启示

以上模拟结果引发了笔者关于钻孔对于岩体损伤的思考，从而在蝶形理论的指导下，从塑性区分布与扩展的角度分析了钻孔对于整个试样的破坏影响。理论上，更大、更多的钻孔会导致试样的储能能力与承载强度下降，但同数量同直径钻孔在不同布置方式下会对岩块产生不同的影响程度，这与塑性区的分布与扩展关系密切，该现象引发笔者思考不同钻孔直径、不同钻孔数量与不同钻孔布置方式对于岩块损伤的影响程度，从而引导笔者继续研究试样受孔洞影响时损伤弱化的规律。在规律研究中，从能量入手更容易实现围岩弱化程度的量化，因此本书重点从岩体单元的能量计算方法及不同损伤程度的试样能量量化对比出发，获得岩体破坏及损伤过程的能量内涵。

本书以数值模拟为手段，实验室实测了红砂岩试样的材料力学性能参数，研究了在不同直径孔洞影响下，岩石试样的应力-应变曲线变化以及整体力学性能的损伤弱化规律。

2.2.1 模型的建立

2.2.1.1 模型的几何尺寸与边界条件

矿山工程中，在完整的煤岩体上施工具有一定分布规律的孔洞随处可见，比如密集的卸压钻孔、瓦斯疏放钻孔、水力压裂钻孔、安装单轨吊以及电缆等而施工的钻孔等。为研究无孔洞煤岩体与含有一定规律的孔洞岩体的力学参数、强度能量指标等变化情况。建立如图 2.3 所示的数值模拟计算模型，模型尺寸为 250 mm×150 mm×250 mm(长×宽×高)，其岩体单元的尺寸为 5 mm×5 mm×5 mm(长×宽×高)，因此无孔洞模型试样拥有 750000 个基本单元。根据研究的需要，在无孔洞模型上分别设置不同直径、不同数量、不同孔洞布置方式的孔洞。

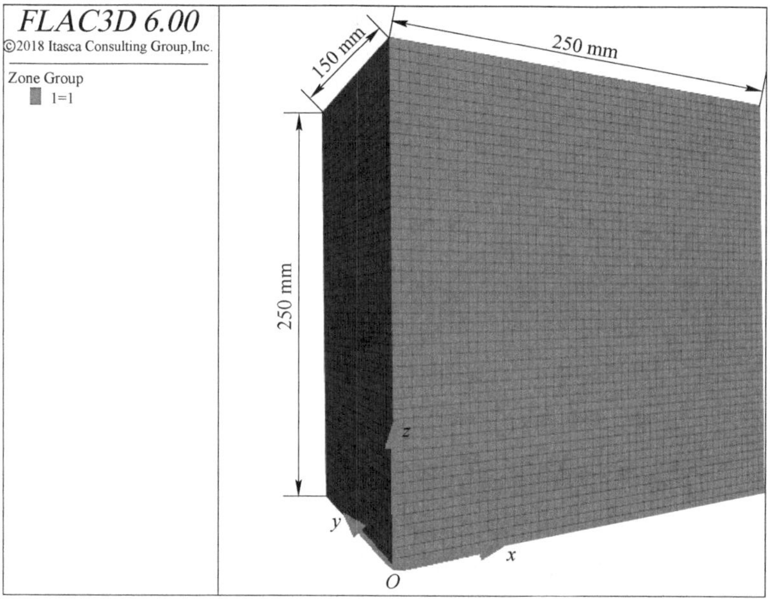

图 2.3 数值模拟计算模型

采用 Itasca 公司研发的连续介质力学分析软件 FLAC3D6.0（fast lagrangian analysis of continua）[194] 对无孔洞、不同直径、不同数量、不同孔洞布置方式的试样进行数值模拟计算。试样模型全部采用压力边界，首先将模型加载到三向等压的围压下，使得试样达到初始应力平衡状态。然后在模型的上下表面进行位移量逐步加载，按照每一加载步加载 0.0001 mm 的方式加载至试样的塑性区完全扩展到试样边界。

为研究无孔洞模型、不同直径孔洞试样在不同围压下的强度变化情况。分别在不同围压下，对各种孔洞试样进行数值模拟分析，并对试样的上表面的位移与压力进行监测，从而获得各试样在不同围压下的应力-应变曲线。

2.2.1.2 试样的材料力学性质

岩体具有不均匀性、不连续性和多孔隙性，为避免测试的岩石试样力学参数离散性大，难以选用采矿工程中常见的完整性比较好、岩性较为坚硬、抗变形能力较强的红砂岩作为模拟试样材料。如图 2.4 所示，通过对同等材料的试样进行基本力学参数的测定实验与巴西劈裂实验测定得到红砂岩的基本力学参数，包括弹性模量、泊松比、内聚力、内摩擦角和抗拉强度。

(a) (b)

图 2.4 红砂岩材料基本力学参数测定实验
(a) 岩石基本参数测定实验；(b) 巴西劈裂实验

依据岩石试样的力学参数测定实验结果，通过相关公式推导得出红砂岩材料的物理力学参数：弹性模量为 3.33 GPa、泊松比为 0.23、内聚力为 20.72 MPa、内摩擦角为 42°、抗拉强度为 7.6 MPa。将上述实验实测的岩石力学参数，作为试样模拟的基本力学参数。

2.2.2 中心孔洞岩石试样应力-应变曲线形态变化的启示

常规认知上，孔洞的存在会对岩石试样的力学性能产生重要影响。蝶形理论认为随着最大主应力与最小主应力比值的增大，孔洞周围塑性区呈现圆形—椭圆形—蝶形的破坏过程，且破坏塑性区深度与孔洞直径存在正相关关系。因此围压一定时，孔洞直径越大的试样，其塑性区越容易在较小的主应力下扩展到边界上。为研究不同直径中心孔洞对岩石试样产生的力学性能损伤，利用 FLAC3D 数值软件分别对无孔洞试样、ϕ4 mm 孔洞试样、ϕ6 mm 孔洞试样、ϕ8 mm 孔洞试样、ϕ15 mm 孔洞试样、ϕ30 mm 孔洞试样进行数值模拟。

岩石试样模型的尺寸为 250 mm×150 mm×250 mm(长×宽×高)，如图 2.5 所示，在岩石试样正方形面的中心，分别布置直径为 4 mm、6 mm、8 mm、15 mm、30 mm 的孔洞，孔洞深度为 150 mm。

采用 FLAC3D 数值模拟软件分别对实验试样进行加载，并监测和提取试样上表面的压力与位移，获得不同直径中心孔洞试样在无围压，围压 4 MPa、8 MPa、12 MPa、16 MPa、20 MPa 时的应力-应变曲线。其中无孔洞试样的应力-应变曲线如图 2.6 (a) 所示，结果显示，无孔洞试样在到达峰值强度之前，呈现出良

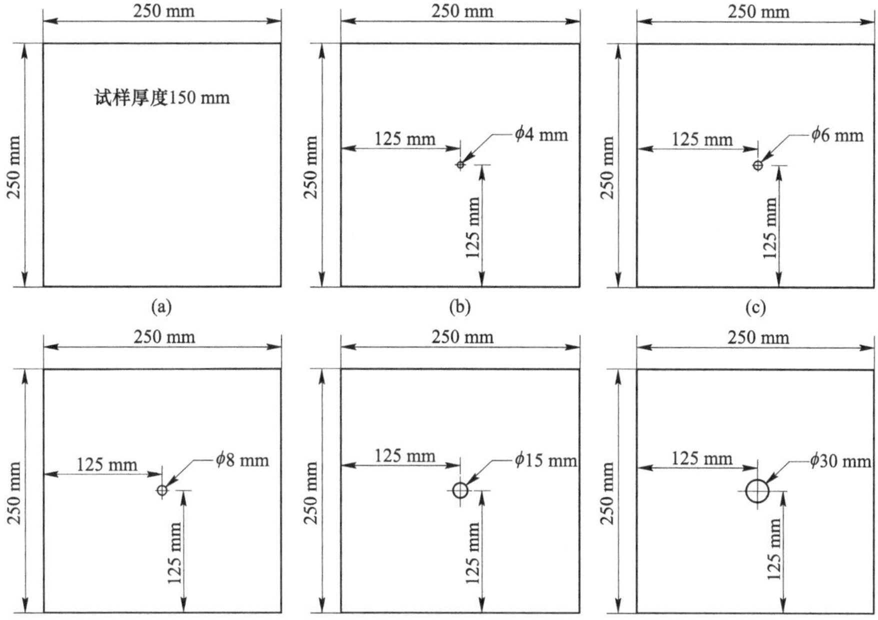

图 2.5 不同中心孔洞试样尺寸图

(a) 无孔洞试样；(b) $\phi 4$ mm 孔洞中心布置试样；(c) $\phi 6$ mm 孔洞中心布置试样；(d) $\phi 8$ mm 孔洞中心布置试样；(e) $\phi 15$ mm 孔洞中心布置试样；(f) $\phi 30$ mm 孔洞中心布置试样

好的线性。到达峰值强度后，迅速出现了应力跌落，之后又进入比较平缓的残余强度阶段。同时随着围压的增大，试样的峰值强度也呈现不断增大的趋势。不同围压下岩石试样的应力-应变曲线在线性阶段、应力跌落阶段、残余强度阶段都表现为相互平行。

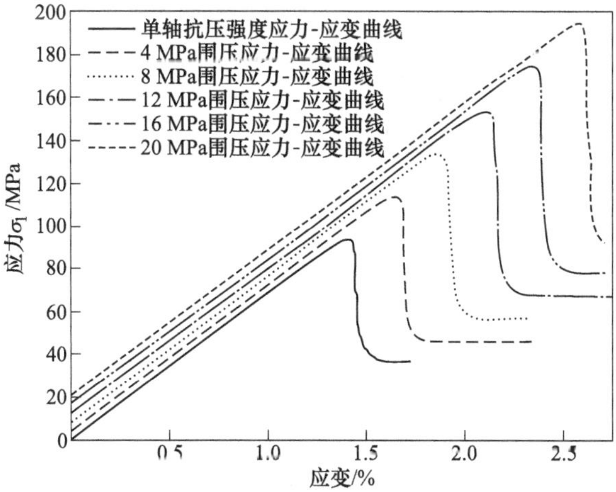

(a)

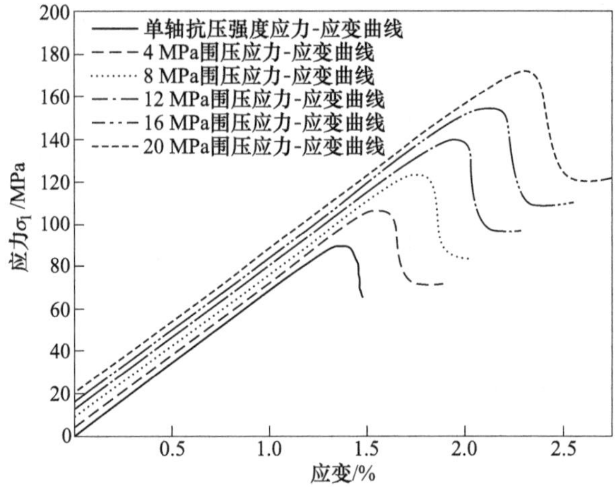
单轴抗压强度应力-应变曲线
4 MPa围压应力-应变曲线
8 MPa围压应力-应变曲线
12 MPa围压应力-应变曲线
16 MPa围压应力-应变曲线
20 MPa围压应力-应变曲线
应力σ_1/MPa
应变/%
(b)

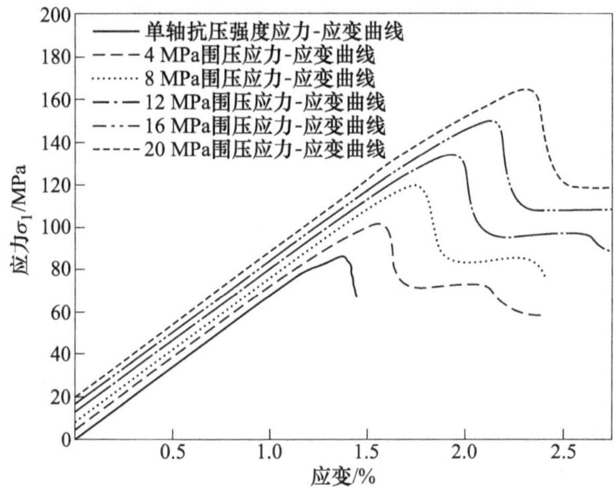
单轴抗压强度应力-应变曲线
4 MPa围压应力-应变曲线
8 MPa围压应力-应变曲线
12 MPa围压应力-应变曲线
16 MPa围压应力-应变曲线
20 MPa围压应力-应变曲线
应力σ_1/MPa
应变/%
(c)

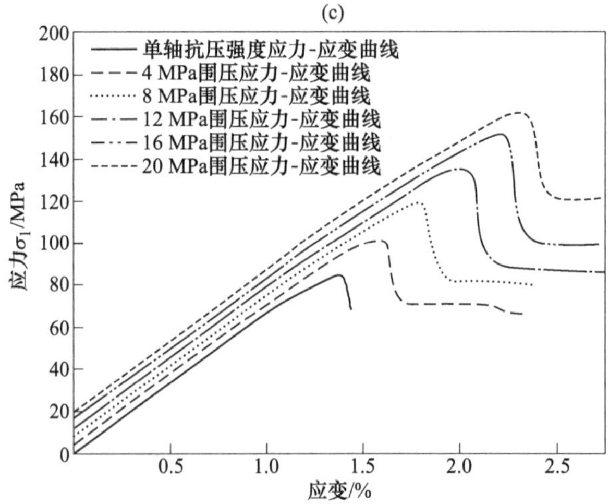
单轴抗压强度应力-应变曲线
4 MPa围压应力-应变曲线
8 MPa围压应力-应变曲线
12 MPa围压应力-应变曲线
16 MPa围压应力-应变曲线
20 MPa围压应力-应变曲线
应力σ_1/MPa
应变/%
(d)

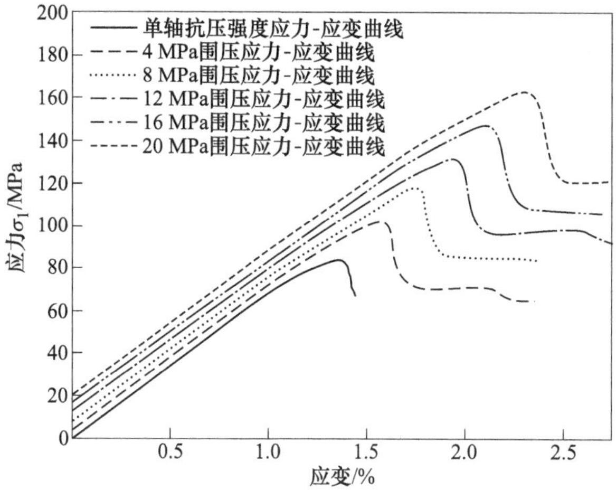

(e)

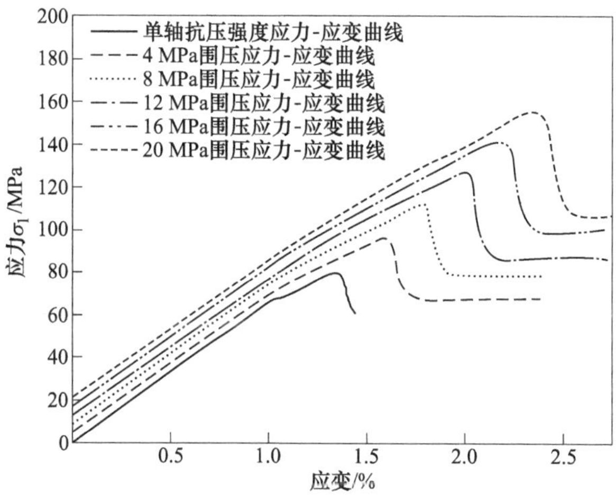

(f)

图 2.6 不同直径中心孔洞试样应力-应变曲线

(a) 无孔洞试样应力-应变曲线；(b) 中心孔洞直径 4 mm 试样应力-应变曲线；
(c) 中心孔洞直径 6 mm 试样应力-应变曲线；(d) 中心孔洞直径 8 mm 试样应力-应变曲线；
(e) 中心孔洞直径 15 mm 试样应力-应变曲线；(f) 中心孔洞直径 30 mm 试样应力-应变曲线

中心孔洞直径 4 mm 试样的不同围压下应力-应变曲线如图 2.6（b）所示，与无孔洞试样的应力-应变曲线相比，中心孔洞直径 4 mm 试样在到达拐点（拐点指图 2.7 中的 B 点）之前，呈现出与无孔洞试样同样的线性表现。但到达拐点之后，随着应变的增加，应力的增加速度有所降低。与无孔洞试样相比，相同围压下中心孔洞直径 4 mm 试样的应力峰值点对应的应变有“左移”的现象，同时应力峰值点的量值有所降低。

中心孔洞直径 6 mm 试样的应力-应变曲线如图 2.6（c）所示，与中心孔洞直径 4 mm 试样的应力-应变曲线相比，中心孔洞直径 6 mm 试样拐点 B 出现时应变更小，且量值更低，同时峰值强度量值也出现一定的下降。中心孔洞直径 8 mm、15 mm、30 mm 试样的应力-应变曲线如图 2.6（d）~（f）所示。

通过观察发现，相同围压下有孔洞试样应力-应变曲线的拐点 B 点随着孔洞直径增大，量值呈现下降趋势，且拐点对应的应变呈现逐渐减小的趋势。同时值得注意的是，相同围压下有孔洞试样 A 点峰值强度量值表现出的规律基本与拐点 B 相同。

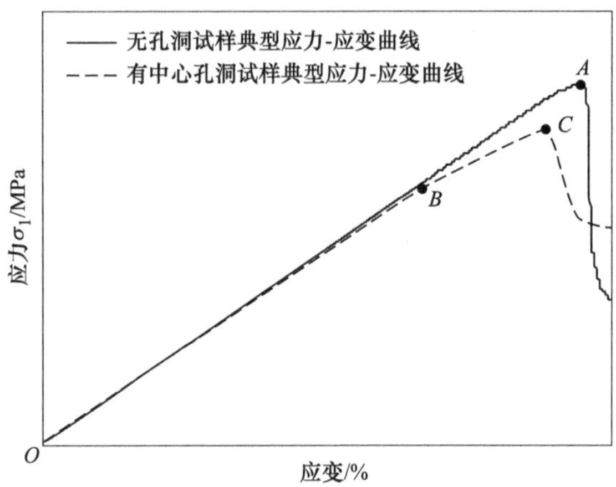

图 2.7　无孔洞与有孔洞试样典型应力-应变曲线

综上所述，同一围压下，随着孔洞直径的增加，试样峰值强度呈现下降趋势，峰值强度对应的应变呈现减小趋势。这意味着同一围压下，随钻孔直径的增加，岩石试样峰值强度损伤量不断增加，同时到达峰值强度时应变的损伤也不断增加。有孔洞试样在达到峰值强度前会出现拐点 B，拐点之前有孔洞试样与无孔洞试样保持同一弹性模量，拐点之后随应变增加，应力上升速度放缓。随着钻孔直径的增加，拐点 B 对应的量值呈现不断减小的趋势。同一试样在不同围压下的应力-应变曲线结果显示，随着围压的增高，试样的峰值强度呈现上升趋势，同时应力-应变曲线的各个阶段都表现为相互平行。

2.2.3　中心孔洞岩石试样力学性能损伤变化的启示

通过对不同中心孔洞直径试样的数值模拟分析，结果显示，随孔洞直径的增加，试样的单轴抗压强度 b 呈现下降趋势。无孔洞试样、ϕ4 mm 孔洞试样、ϕ6 mm 孔洞试样、ϕ8 mm 孔洞试样、ϕ15 mm 孔洞试样、ϕ30 mm 孔洞试样的单轴抗压强度分别为 93.22288 MPa、89.80632 MPa、88.50456 MPa、87.21465 MPa、83.92344 MPa、79.23281 MPa。

如图 2.8 所示，分别对上述 6 个试样在不同围压下的峰值强度进行线性回归。结果表明，同一试样的围压 σ_3 与峰值强度 σ_1 具有良好的线性关系，符合 $\sigma_1=b+m\sigma_3$ 的线性关系。线性回归结果表明，随着中心孔洞直径的增加，试样的回归拟合斜率呈现下降趋势。其中无孔洞试样、ϕ4 mm 孔洞试样、ϕ6 mm 孔洞试样、ϕ8 mm 孔洞试样、ϕ15 mm 孔洞试样、ϕ30 mm 孔洞试样的拟合斜率 m 分别为 5.05059、4.06273、4.02863、3.91387、3.91791、3.79423。

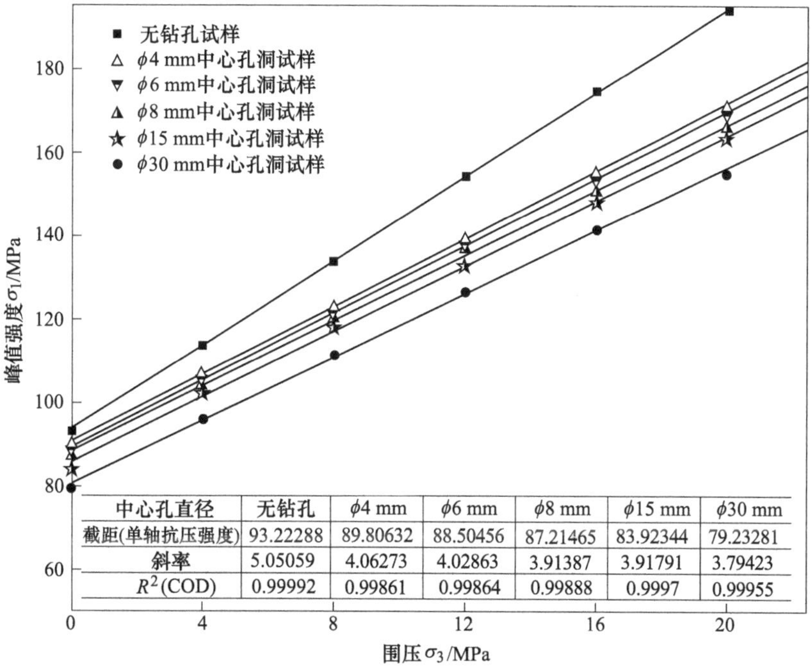

中心孔直径	无钻孔	ϕ4 mm	ϕ6 mm	ϕ8 mm	ϕ15 mm	ϕ30 mm
截距(单轴抗压强度)	93.22288	89.80632	88.50456	87.21465	83.92344	79.23281
斜率	5.05059	4.06273	4.02863	3.91387	3.91791	3.79423
R^2(COD)	0.99992	0.99861	0.99864	0.99888	0.9997	0.99955

图 2.8 不同中心孔洞直径及围压条件下试样强度线性回归曲线

由摩尔库仑理论可知，峰值强度 σ_1 与围压 σ_3 存在如下关系：

$$\sigma_1 = 2C\frac{\cos\varphi}{1-\sin\varphi}+\frac{1+\sin\varphi}{1-\sin\varphi}\sigma_3 \tag{2.1}$$

已知

$$\sigma_1 = b + m\sigma_3 \tag{2.2}$$

$$C = b\frac{1-\sin\varphi}{2\cos\varphi} \tag{2.3}$$

$$\varphi = \arcsin\left(\frac{m-1}{m+1}\right) \tag{2.4}$$

上述分析表明，不同直径的中心孔洞试样的单轴抗压强度 b、斜率 m 是不同的。代入式（2.3）和式（2.4）所求得的对应试块参数内聚力 C、内摩擦角 φ

是不同的。因此在相同的完整试样上，布置不同直径的中心孔洞，就整个试样而言其内聚力 C、内摩擦角 φ 会发生不同的变化。本书将布置不同孔洞试样的整体内聚力 C、内摩擦角 φ，称为该试样的当量 C、φ 值。

无孔洞试样、ϕ4 mm 孔洞试样、ϕ6 mm 孔洞试样、ϕ8 mm 孔洞试样、ϕ15 mm 孔洞试样、ϕ30 mm 孔洞试样所对应的单轴抗压强度 b、斜率 m 的变化趋势如图 2.9（a）所示。由图可知，中心孔洞对试样的单轴抗压强度与拟合斜率影响较大，随着中心孔洞直径的不断增加，对应试样的单轴抗压强度与拟合斜率均呈现出下降趋势。

将图 2.8 中对应试样的单轴抗压强度 b、斜率 m 代入式（2.3）和式（2.4）求得对应试样的当量 C、φ 值。图 2.9（b）表明，随着中心孔洞直径的不断增加，对应试样的当量内摩擦角 φ 值呈现出下降趋势。无孔洞试样、ϕ4 mm 孔洞试样、ϕ6 mm 孔洞试样、ϕ8 mm 孔洞试样、ϕ15 mm 孔洞试样、ϕ30 mm 孔洞试样的当量内摩擦角分别为 42°、37.23°、37.03°、36.37°、36.39°、35.65°。随着中心孔洞直径的不断增加，试样的当量内聚力 C 出现了先增大，后减小的趋势。

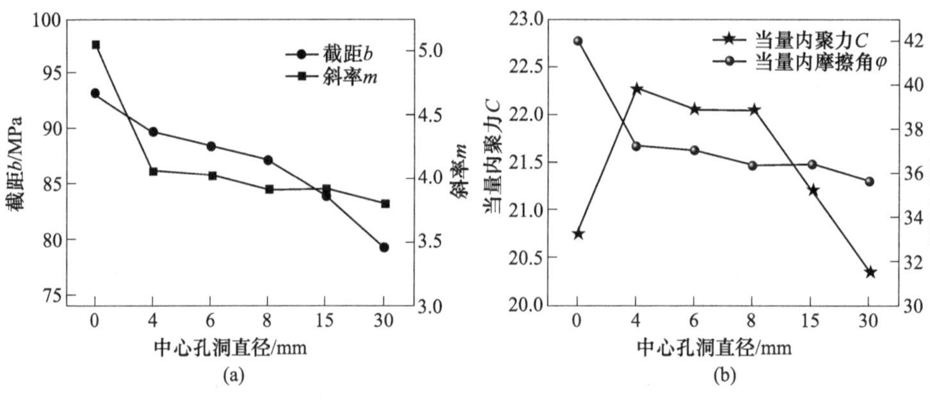

图 2.9　不同直径中心孔洞试样的力学参数变化趋势

（a）不同中心孔洞直径的 m 和 b 值变化；（b）不同中心孔洞直径的当量 C、φ 值变化

根据不同直径中心孔洞试样的数值模拟结果可知，与无孔洞试样相比，同等围压下，不同直径的中心孔洞试样的强度有不同程度的下降。为了研究孔洞对无孔洞试样的损伤程度，引入强度损伤率 s_{σ_3}，定义 $s_{\sigma_3}=1-\sigma_{1有孔}/\sigma_{1无孔}\times100\%$。

将无孔洞试样、中心孔洞试样数值模拟所提取的峰值强度直接代入强度损伤率 s_{σ_3}的计算式中，形成的试样模拟峰值强度下直接损伤曲线如图 2.10（a）所示。将图 2.9（a）中无孔洞试样、中心孔洞试样单轴抗压强度 b、斜率 m 分别代入式（2.2）中，计算得到了不同围压下的无孔洞、中心孔洞试样的理论峰值强度，将其代入强度损伤率 s_{σ_3} 计算公式，形成了试样拟合峰值强度下理论损伤曲线，如图 2.10（b）所示。结果显示，不同直径中心孔洞试样的模拟峰值强度下直接损伤曲线图与拟合峰值强度下理论损伤曲线具有非常高的吻合度。但模拟强度损伤率因受到单个模拟结果的误差影响，其精确度低于拟合峰值强度下理论损伤率。因此本书采用拟合峰值强度下的损伤率进行峰值强度损伤分析。

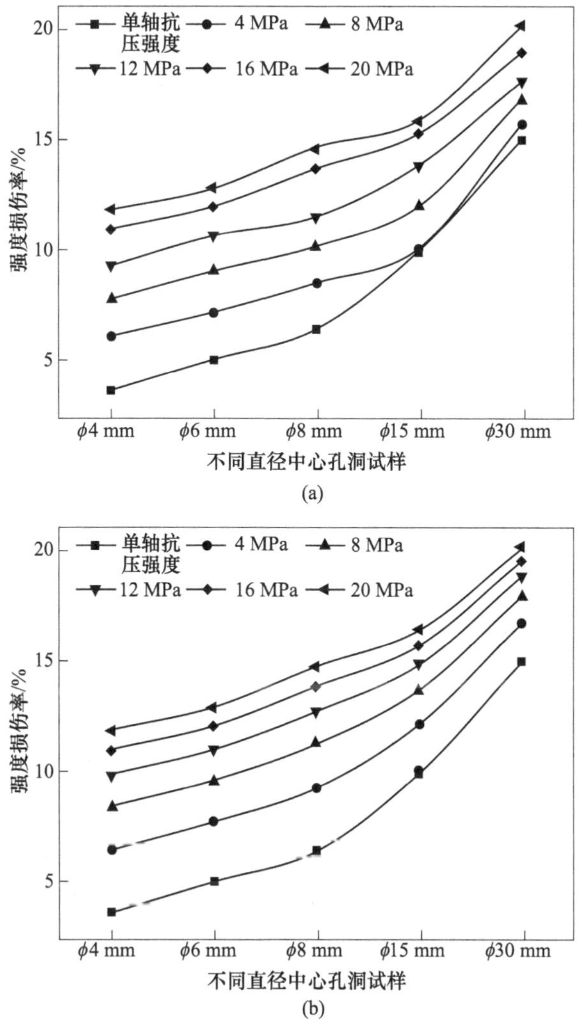

图 2.10　不同直径中心孔洞试样强度损伤率

（a）试样模拟峰值强度下直接损伤曲线；（b）试样拟合峰值强度下理论损伤曲线

图 2.10（b）显示，随着中心孔洞直径的增大，试样整体强度损伤率呈现不断上升的趋势。单轴抗压强度条件下中心孔洞直径由 4 mm 增长至 30 mm 时，试样强度损伤率由 3.6%增加至 15%；围压为 4 MPa 条件下中心孔洞直径由 4 mm 增长至 30 mm 时，试样强度损伤率由 6.4%增加至 16.7%；围压为 8 MPa 条件下中心孔洞直径由 4 mm 增长至 30 mm 时，试样强度损伤率由 8.4%增加至 17.9%；

围压为 12 MPa 条件下中心孔洞直径由 4 mm 增长至 30 mm 时，试样强度损伤率由 9.9%增加至 18.9%；围压为 16 MPa 条件下中心孔洞直径由 4 mm 增长至 30 mm 时，试样强度损伤率由 11%增加至 19.5%；围压为 20 MPa 条件下中心孔洞直径由 4 mm 增长至 30 mm 时，试样强度损伤率由 12.2%增加至 20%。

同时，随着围压的增大，同一试样的强度损伤率也不断增加。中心孔洞直径为 4 mm 的试样围压从 0 增大到 20 MPa 时，试样强度损伤率由 3.6%增加至 11.9%；中心孔洞直径为 6 mm 的试样围压从 0 增大到 20 MPa 时，试样强度损伤率由 5.1%增加至 13%；中心孔洞直径为 8 mm 的试样围压从 0 增大到 20 MPa 时，试样强度损伤率由 6.4%增加至 14.8%；中心孔洞直径为 15 mm 的试样围压从 0 增大到 20 MPa 时，试样强度损伤率由 9.9%增加至 16.5%；中心孔洞直径为 30 mm 的试样围压从 0 增大到 20 MPa 时，试样强度损伤率由 15%增加至 20%。

综上所述，随着孔洞直径的增加，对应试样的单轴抗压强度 b、斜率 m、当量 φ 值均呈现出下降趋势。而且随着孔洞直径增加，不同围压下试样强度损伤率 s_{σ_3} 也呈现不断增大的趋势。上述研究结果表明，在完整岩石上施工钻孔，能够对试样的力学参数及峰值强度造成一定程度的损伤，且随着钻孔直径的增加，岩石的单轴抗压强度、斜率、当量内摩擦角以及峰值强度损伤程度呈现出上升的趋势。

2.3　岩体单元能量量化计算方法

前文将含孔洞岩体的损伤弱化与煤矿井下采煤工作面附近大比值偏应力场相结合，研究发现了不同直径中心钻孔影响下岩石试样的应力-应变曲线及其力学参数变化与损伤规律。受不同直径钻孔条件下岩石参数的变化规律启发，本书以含孔洞岩体的损伤为研究背景，着重研究得到岩体单元释放能、熵增能的计算方法。为研究不同直径、数量、布置方式孔洞影响下围岩损伤弱化的能量演化规律奠定重要基础。

2.3.1　岩石试样加载状态

如前所述，受采煤工作面高强度回采活动的影响，工作面一定范围内形成了最大主应力高于最小主应力 2 倍以上的大比值偏应力场环境，当采煤工作面回采与其他采掘活动有时空交叉时，对该区域而言，应力的相互叠加会导致最大主应力与最小主应力的比值进一步加大[195]。为量化研究大比值偏应力场下，含孔洞岩石试样能量的变化规律，分别构建了如图 2.11 所示的岩石试样的三种应力状态，即岩石试样未加载状态、施加静水压力状态、围压不变垂直方向持续加载达到最大载荷的状态。

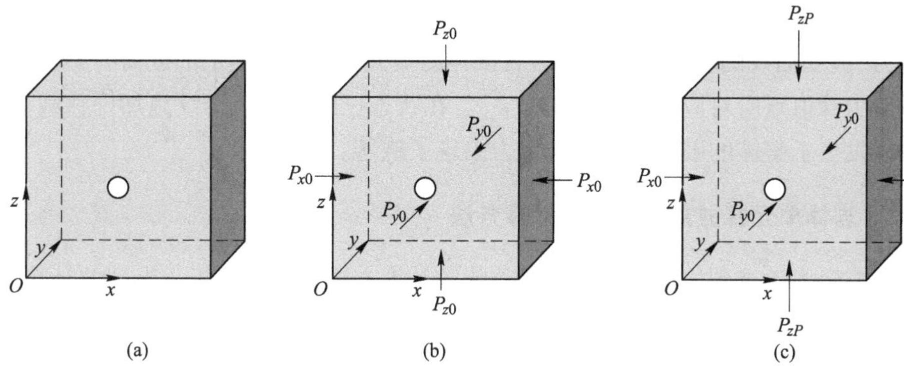

图 2.11 岩石试样的三种力学状态

(a) 状态一：未加载；(b) 状态二：施加静水压力；

(c) 状态三：围压不变轴向加载至最大载荷

图 2.12 为岩石试样最大主应力方向加载全过程应力-应变曲线。岩石试样处于状态一时，无任何应力加载到岩石试样上，此时岩石试样未发生任何形变，对应于应力-应变的曲线黑点（坐标原点）。对处于状态一的岩石试样施加静水压力，则岩石试样处于状态二，此时岩石试样的三个方向主应力相等，有 $P_{x0}=P_{y0}=P_{z0}$。假设其静水压力值与岩石单轴抗压强度的比值小于 20%，则可以认为岩石试样处于状态二时，可以将其看作未产生任何塑性区的纯弹性体。根据弹性力学得知岩石试样三个方向产生了相同的应变 $\varepsilon_{x0}=\varepsilon_{y0}=\varepsilon_{z0}$，该状态对应于应力-应变曲线的（$\varepsilon_{x0}$>$P_{z0}$）。在状态二的基础上保持环向围压 $P_{x0}=P_{y0}$ 不变，对岩石试样的上下表面按加载步逐步施加位移量，直至轴向载荷达到最大值。定义岩石

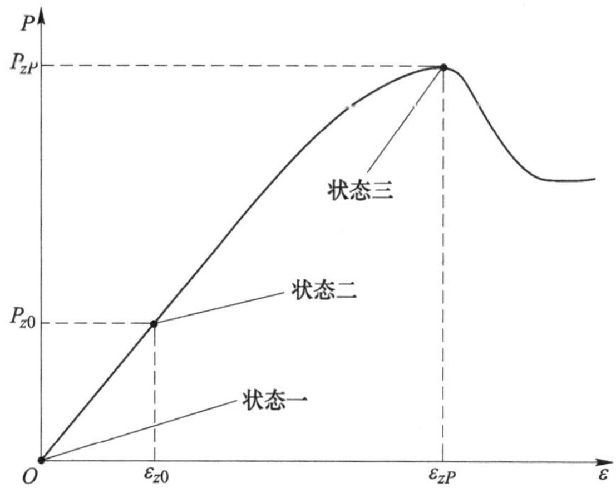

图 2.12 试样加载力-应变曲线

试样环向围压保持不变情况下，加载至最大主应力峰值时刻为状态三，状态三对应应力-应变曲线的峰值点，此时岩石试样的最大主应力方向上的载荷为 P_{zP}，最大主应力峰值点所对应的轴向应变为 ε_{zP}。在状态三的基础上继续施加位移载荷，则试样发生了整体的破坏，最大主应力出现了跌落。

2.3.2　岩体单元释放能、熵增能计算方法

本节致力于得到岩体熵增能、释放能的计算方法，经过分析，得到的计算方法流程图如图 2.13 所示。该方法中，弹塑性模型可释放弹性应变能和耗散能（为经典岩石力学中描述的能量，谢和平院士成果）。本节定义：纯弹性单元集合与对应岩体单元集合之间的可释放应变能总能量差为熵增能 U_R，熵增能可分为两部分，一部分为释放能，该部分为某些岩体单元集合受力作用下塑性化释放的能量，另一部分为耗散能，该部分为同样岩体单元集合受力作用下消耗的能量。熵增能的物理意义为岩体单元集合中产生塑性变形的单元相对于弹性单元的能量差；释放能的物理意义为产生塑性变形的单元破坏过程中释放的弹性波，该部分能量不可逆；耗散能的物理意义为产生塑性变形的单元破坏过程中损耗的能量，能量全部无法恢复。

对于某一单位体积的岩体单元而言，由于其为弹塑性介质，在外力作用下会产生相应弹性和塑性变形，假设该过程并未与外界产生热交换，施加外力功总量为 W_t，对岩体单元输入的总能量为 U_e，根据能量守恒原理，有：

$$U_e = W_t = U_{dt} + U_{et} \tag{2.5}$$

式中，U_{dt}为岩体单元受力过程中产生的耗散能，该部分能量无法恢复；U_{et}为岩体单元可释放弹性应变能，该部分能量储存于岩体单元中，当力的作用消失时，在一定条件下可恢复。

对于某一单位体积的纯弹性单元而言，由于其为纯弹性介质，受同样外力作用时，只会产生弹性变形，同样假设该过程并未与外界产生热交换，则外力功对纯弹性单元输入的总能量为 U_{ee}（纯弹性单元可释放弹性应变能），而 U_{de}（纯弹性单元耗散能）为 0。

根据谢和平院士的研究成果，岩体单元的可释放弹性应变能 U_{et}计算方法为：

$$U_{et} = \frac{1}{2E_i}[\sigma_{1i}^2 + \sigma_{2i}^2 + \sigma_{3i}^2 - 2\mu_i(\sigma_{1i}\sigma_{2i} + \sigma_{2i}\sigma_{3i} + \sigma_{1i}\sigma_{3i})] \times \Delta V_i \tag{2.6}$$

式中，σ_{1i}、σ_{2i}、σ_{3i} 为岩体单元三向主应力；E_i、μ_i 和 ΔV_i 分别为岩体单元的弹性模量、泊松比和体积。

纯弹性单元的可释放弹性应变能 U_{ee}可参照式（2.6）进行计算，只是纯弹性岩体单元的应力状态、弹性模量和泊松比为纯弹性单元对应值，见式（2.7）。

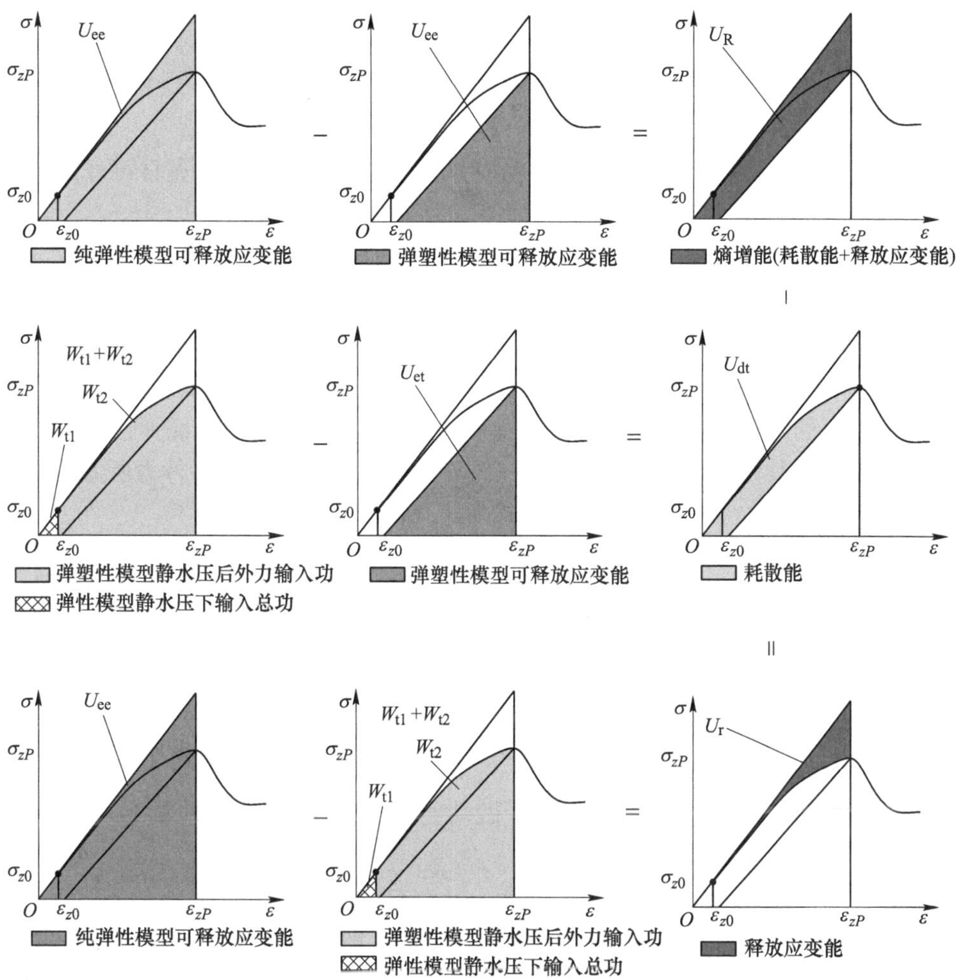

图 2.13 岩体单元能量四个减量等式关系分析模型

$$U_{ee}=\frac{1}{2E'_i}\left[\sigma'^2_{1i}+\sigma'^2_{2i}+\sigma'^2_{3i}-2\mu'_i(\sigma'_{1i}\sigma'_{2i}+\sigma'_{2i}\sigma'_{3i}+\sigma'_{1i}\sigma'_{3i})\right]\times\Delta V_i \qquad (2.7)$$

假设岩体单元集合为 Ω，集合初始受力状态为 U_0，受应变作用影响，集合受外力差（相对于初始受力状态的力差）为（ΔP_1，ΔP_2，ΔP_3），单元集合中，部分单元变为塑性单元 Ω_p，剩余单元可认为是弹性单元。此时，单元体集合的可释放弹性应变能为式（2.8）。

$$U_{et}(\Omega)=\iiint_{\Omega_e(\Delta P_1,\ \Delta P_2,\ \Delta P_3)}U_{ee}\mathrm{d}V_e+\iiint_{\Omega_p(\Delta P_1,\ \Delta P_2,\ \Delta P_3)}U_{et}\mathrm{d}V_p \qquad (2.8)$$

假设纯弹性单元集合同样为 Ω，集合初始受力状态为 U_0，受应变作用影响，集合受外力差（相对于初始受力状态的力差）同样为（ΔP_1，ΔP_2，ΔP_3），单元集合中，所有单元均可认为是弹性单元。此时，单元体集合的可释放弹性应变能为式（2.9）。

$$U_{ee}(\Omega) = \iiint_{\Omega(\Delta P_1,\ \Delta P_2,\ \Delta P_3)} U_{ee}\mathrm{d}V \tag{2.9}$$

熵增能 U_R 为纯弹性单元集合可释放弹性应变能与岩体单元集合可释放弹性应变能的差值，其计算方法为式（2.10）。

$$U_R = U_{ee}(\Omega) - U_{et}(\Omega) \tag{2.10}$$

外力对单元体集合做的总功为 W_t，计算方法为式（2.13）。W_t 主要由两部分组成，一部分为岩体单元从状态一加载至状态二时外力所做功 W_{t1}，另外一部分为状态二加载至状态三时外力所做功 W_{t2}。由于岩体单元在状态二时为未产生任何塑性区的纯弹性体，则此阶段外力所做功 W_{t1} 等于状态二下纯弹性单元的可释放应变能，其计算方法可以参照式（2.7）。弹性模型静水压后外力所做功可以通过力与位移的关系获得，其计算公式为式（2.12）。

$$W_{t1} = U_{ee0} \tag{2.11}$$

$$W_{t2} = \Delta P_1 \times \Delta L_1 + \Delta P_2 \times \Delta L_2 + \Delta P_3 \times \Delta L_3 \tag{2.12}$$

$$W_t = W_{t1} + W_{t2} \tag{2.13}$$

式中，U_{ee0}为岩体单元加载至静水压时纯弹性单元的可释放应变能；ΔP_1、ΔP_2、ΔP_3 分别为单元体集合在 3 个方向上的相对力差；ΔL_1、ΔL_2、ΔL_3 分别为单元体集合在 3 个方向上的相对位移差。

耗散能 U_{dt} 为外力对单元集合所做功与可释放弹性应变能的差值，为式（2.14）。

$$U_{dt} = W_t - U_{et}(\Omega) \tag{2.14}$$

释放能 U_r 为熵增能 U_R 和耗散能 U_{dt}的差值，即式（2.15）。

$$U_r = U_R - U_{dt} \tag{2.15}$$

至此，通过纯弹性单元和岩体单元的外力做功、可释放弹性应变能的关系即可得到岩体单元的熵增能、释放能和耗散能，为后续不同损伤程度试样的能量量化、耗散规律研究奠定了重要基础。

2.4　岩石试样损伤弱化的能量演化算例分析

前文通过理论分析，得到了岩体单元熵增能、释放能的计算方法。本书进一步研究了岩石试样在不同直径孔洞影响下，弹塑性可释放应变能损伤率 α、外力对试样所做总功的损伤率 β、释放能占熵增能比例 λ、单位体积塑性区平均释放能等指标的变化趋势。揭示了含不同直径钻孔的岩石试样能量损伤弱化规律，为研究孔洞影响下围岩损伤弱化的能量规律奠定重要基础。

2.4.1 不同直径中心孔洞试样能量参数损伤弱化趋势

孔洞直径的不同对岩石试样产生的影响是不同的，为研究不同直径的孔洞试样加载至峰值强度时的储能极限[196]、接受外力所做功的能力、纯弹性模型可释放应变能、释放能占熵增能比例、单位体积塑性区平均释放能的影响，采用与前文完全相同的数值模拟加载方案，分别研究中心孔洞直径为 4 mm、6 mm、8 mm、15 mm 岩石试样加载破坏时，上述能量指标的变化情况，并以无孔洞试样的能量量值为基准，研究各试样的相关能量的损伤劣化百分比，为含孔洞岩体能量劣化研究提供基础数据。

岩体单元受应变作用时，随着应变的增加，可释放应变能持续增大，达到峰值强度时量值达到最大，峰值强度以后量值快速减小。因此试样在峰值强度时，其可释放弹性应变能 U_{et} 出现了极限值。孔洞的存在影响了整个试块弹塑性可释放应变能的存储能力。将孔洞试样可释放应变能存储能力减少百分比，即无孔洞试样的 $U_{et无孔}$ 与孔洞试样的 $U_{et有孔}$ 之间的差除以无孔洞试样的 $U_{et无孔}$，定义为弹塑性模型可释放应变能损伤率 α，则 $\alpha=\dfrac{U_{et无孔}-U_{et有孔}}{U_{et无孔}}\times100\%$。

图 2.14（a）为中心孔洞直径分别为 0 mm、4 mm、6 mm、8 mm、15 mm 试样弹塑性模型最大可释放应变能 U_{et} 与弹塑性可释放应变能损伤率 α 变化曲线。数据显示，随着中心孔洞直径的增加，弹塑性模型最大可释放应变能呈逐步减小的趋势。中心孔洞直径分别为 0 mm、4 mm、6 mm、8 mm、15 mm 试样的弹塑性模型最大可释放应变能分别为 30701 J、25718 J、24953 J、24488 J、23773 J。随着中心孔洞直径的增加，弹塑性可释放应变能损伤率 α 呈逐渐增加的趋势。中心孔洞直径分别为 4 mm、6 mm、8 mm、15 mm 试样的弹塑性可释放应变能损伤率 α 分别为 16.2%、18.7%、20.23%、22.6%。

对岩石试样施加位移载荷，随着位移的增加，外力对试样所做的总功持续增大，到达一定应力值时外力对试样总输入的功一部分转换为耗散能 U_{dt}，该能量被不可逆转地消耗掉，大部分则作为弹塑性可释放应变能 U_{et} 被岩体单元存储了起来。孔洞的存在影响了整个试样接收外力做功的能力。用无孔洞试样的 $W_{t无孔}$ 与孔洞试样的 $W_{t有孔}$ 之间的差除以无孔洞试样的 $W_{t无孔}$，得到孔洞试样外力所做总功减少的百分比，定义为外力所做总功的损伤率 β，则 $\beta=\dfrac{W_{t无孔}-W_{t有孔}}{W_{t无孔}}\times100\%$。

图 2.14（b）为中心孔洞直径分别为 0 mm、4 mm、6 mm、8 mm、15 mm 试样从状态一加载至状态三、即主应力达到峰值强度状态时，外力对试样所做的总功及其损伤率 β 的变化曲线。数据显示，随着中心孔洞直径的增加，外力对试样所做的总功呈逐步减小的趋势。中心孔洞直径分别为 0 mm、4 mm、6 mm、

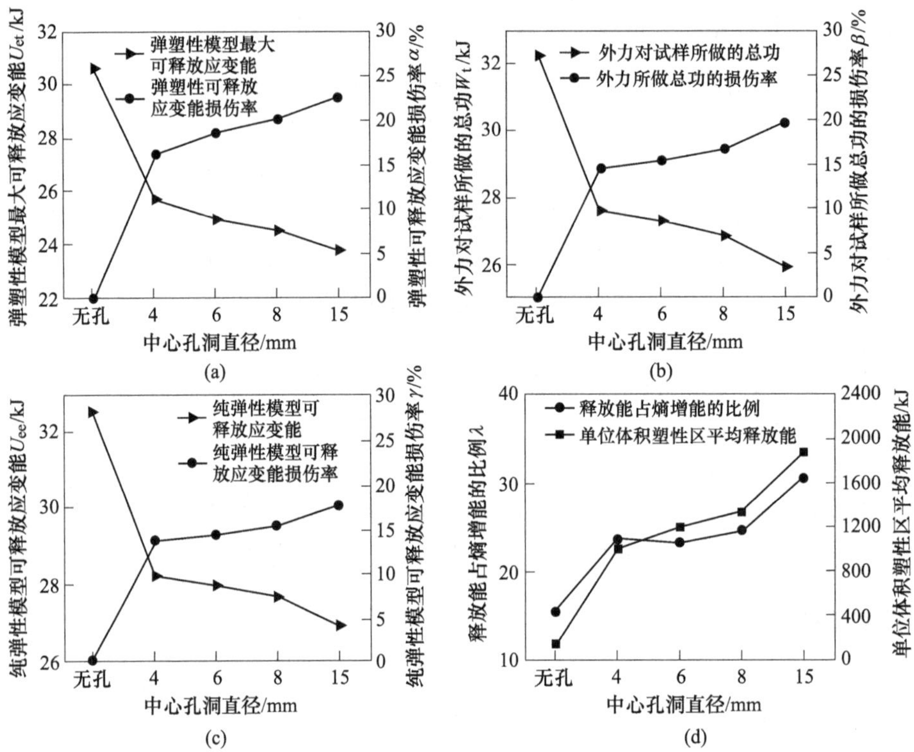

图 2.14　不同直径中心孔洞岩石试样能量变化趋势图

(a) 弹塑性模型可释放应变能变化趋势；(b) 接受外力所做总功的变化趋势；(c) 纯弹性模型可释放应变能变化趋势；(d) 释放能占比与单位塑性区平均释放能

8 mm、15 mm 时外力对试样所做的总功分别为 32254 J、27595 J、27266 J、26878 J、25934 J。随着中心孔洞直径的增加，外力对试样所做总功的损伤率 β 呈逐渐增加的趋势。中心孔洞直径分别为 4 mm、6 mm、8 mm、15 mm 时试样外力对试样所做总功的损伤率 β 分别为 14.4%、15.5%、16.7%、19.6%。

纯弹性模型在理想无损状态下，不产生任何塑性区，外力对试样所做的总功将全部作为可释放弹性应变能存储起来，而孔洞的存在对试样极限应变产生了影响。将弹塑性模型试样加载达到峰值强度时，用无孔洞试样的 $U_{ee无孔}$ 减去孔洞试样的 $U_{ee有孔}$ 得到的差除以无孔试样的 $U_{ee无孔}$，得到孔洞试样纯弹性模型可释放应变能存储能力减少百分比。定义 γ 为纯弹性模型可释放应变能损伤率，则 $\gamma = \dfrac{U_{ee无孔} - U_{ee有孔}}{U_{ee无孔}} \times 100\%$。

图 2.14（c）为中心孔洞直径分别为 0 mm、4 mm、6 mm、8 mm、15 mm 试样从状态一加载至状态三、即主应力达到峰值强度状态时，纯弹性模型可释放应

变能 U_{ee}及其损伤率变化曲线。数据显示，随着中心孔洞直径的增加，纯弹性模型可释放应变能 U_{ee} 呈逐步减小的趋势。中心孔洞直径分别为 0 mm、4 mm、6 mm、8 mm、15 mm 试样的纯弹性模型可释放应变能分别为 32541 J、28187 J、27963 J、27659 J、26885 J。随着中心孔洞直径的增加，纯弹性模型可释放应变能损伤率 α 呈逐渐增加的趋势。中心孔洞直径分别为 4 mm、6 mm、8 mm、15 mm 试样的纯弹性模型可释放应变能损伤率 α 分别为 13.4%、14.1%、15.0%、17.4%。

根据式（2.11）~式（2.15）可以求得各岩石试样的释放能与熵增能，定义释放能占熵增能的比例 $\lambda=\frac{U_r}{U_R}\times100\%$。统计试样到达峰值强度时所产生的塑性区体积，用释放能 U_r 除以峰值强度时试样塑性区体积可以得到单位体积塑性区平均释放能。

图 2.14（d）为不同中心孔洞直径试样的释放能占熵增能的比例 λ 与单位体积塑性区平均释放能的变化趋势图。数据显示随着中心孔洞直径的增加，释放能占熵增能的比例 λ 与单位体积塑性区平均释放能呈现逐步增大的趋势。

2.4.2 中心孔洞岩石试样的能量损伤规律

前文应用岩体单元释放能、熵增能的计算方法，对不同直径中心孔洞岩石试样的能量进行量化计算，得到含不同直径孔洞岩石试样的弹塑性可释放应变能损伤率 α、外力对试样所做总功的损伤率 β、释放能占熵增能比例 λ、单位体积塑性区平均释放能变化趋势，揭示了不同直径单一孔洞岩体损伤弱化的能量规律。本书在前文研究的基础上，对孔洞引起的各种能量损伤原理进行分析论证。

岩体单元受应变作用时，随着应变的增加弹塑性模型可释放应变能持续增大，达到峰值强度时量值达到最大。峰值强度以后量值快速减小，因此定义弹塑性岩石试样在峰值强度时存储的可释放应变能为最大可释放应变能。根据图 2.14（a）数据，孔洞的存在导致最大可释放应变能产生了损伤。即岩石试样存储最大可释放应变能的能力减小，且孔洞直径越大，岩石试样在峰值强度时储存最大可释放应变能的损伤率 α 越大。

同时根据前述研究，无孔洞试样与有中心孔洞试样典型的应力-应变曲线如图 2.15 所示，应力-应变曲线包络线的面积为外力对岩石试样所做的功[197]，则外力对有中心孔洞试样所做的功为图中阴影面积，而外力对无孔洞试样所做的功为阴影面积与灰色充填面积之和，因此，与无孔洞试样相比有中心孔洞试样损伤部分为图中灰色充填的面积。基于孔洞引起外力对岩石试样所做功的损伤这个事实，根据前文的研究，与无孔洞试样相比该损伤是由于有孔洞试样的峰值强度下降或加载到峰值强度时对应的应变减小引起的，也有可能是峰值强度与对应应变同时减小共同引起的。因此，孔洞的存在，外力对有孔洞试样所做的功出现了损伤，且孔洞直径越大，外力对岩石试样所做的功的损伤率 β 越大。

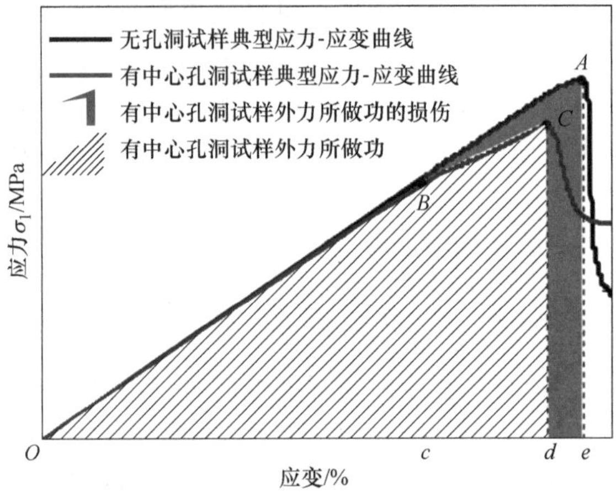

图 2.15 外力对无孔洞和中心孔洞试样所做功的示意图

基于上述分析，岩体单元为弹塑性单元时，可释放应变能呈现先增大后减小的趋势，在到达峰值强度时岩体单元所存储的可释放应变能达到最大。理想状态下，纯弹性单元可释放应变能随着应变的增加呈现单调增大趋势。根据前述研究，损伤更大的试样其峰值强度时对应的应变值越小。因此，孔洞的存在，还会导致岩石试样纯弹性单元可释放应变能产生损伤。

定义纯弹性单元与岩体单元可释放应变能的差值为熵增能，其分为两部分，分别为释放能和耗散能。中心孔洞的直径将对试样释放能产生影响，随着中心孔洞的增大，试样的加载曲线在到达峰值强度前，加载曲线的拐点呈现出不断提前且量值减小的趋势，根据能量“四个减量等式关系”分析模型，其释放能有增大趋势。研究借助于提出的耗散能和释放能量化计算方法，对不同损伤程度岩石试样能量进行了计算，结果显示：随着应变的增加，损伤更大的岩体释放能占熵增能的比例 λ 更大，即损伤的增大导致岩体单元集合的耗散能减小，而释放量增大。岩体损伤程度的扩大是释放能增大导致的，研究发现岩石试样加载到峰值强度时，损伤大的岩石试样其单位体积塑性区的平均释放能更大。

3 不同条件下岩石试样损伤弱化能量变化规律

前文提出了岩体单元释放能、熵增能的计算方法，分析并论证了可以用来表征岩石损伤的能量损伤因子，为从能量方面对围岩钻孔损伤进行量化创造了基本条件。实际工程中岩体内往往施工各种直径、不同布置方式的多个钻孔。钻孔的施工本身即是对围岩的一种损伤，含孔洞岩体处于大比值偏应力场环境时，该损伤的程度会被进一步放大，此时，对于损伤程度的量化表达显得尤为重要。本章以实际含孔洞岩体为背景，进一步研究了多孔不同直径岩石试样损伤弱化能量变化规律、多孔不同布置方式岩石试样损伤弱化能量变化规律、不同数量孔洞岩石试样损伤弱化能量变化规律。得到了不同直径、数量、布置方式条件下，含钻孔岩石试样损伤弱化的能量演化规律。从理论上解答了大比值偏应力场条件下高密度钻孔对于围岩损伤的程度，为钻孔对岩体的损伤程度量化研究奠定了重要理论基础。

3.1 多孔不同直径岩石试样损伤弱化能量变化规律

本节进一步研究了多孔不同直径岩石试样损伤弱化能量变化规律，建立尺寸为 250 mm×150 mm×250 mm（长×宽×高）的模拟模型，在数值模拟模型上施工 ϕ6 mm、ϕ8 mm、ϕ15 mm 3 种类型直径的钻孔。模拟试样的钻孔圆心与模型边界的最小距离为 35 mm，远大于钻孔半径，满足了钻孔塑性区的边界条件。在岩石试样的某些特定位置上施工不同直径的钻孔，对岩体造成的损伤是不同的。为了得到多个不同直径钻孔岩体损伤弱化的能量以及力学参数变化规律，本书分别对含有 2 个、3 个孔洞岩石试样开展研究，分析对比了孔洞直径变化时各项能量与力学性能指标的变化趋势。

3.1.1 两孔情况下不同孔洞直径岩石试样损伤弱化能量变化规律

为研究直径不同时，2 个钻孔对试样产生的能量损伤，采用 FLAC3D 软件分别对 2 个孔洞对角线布置时，不同直径的一组试样进行数值模拟。以岩石试样围压 12 MPa 为例，求得本组岩石试样的弹塑性可释放应变能与外力对试样所做总功，为定量研究直径不同的 2 个孔洞岩石试样的能量损伤提供数据基础。

图 3.1 为 2 个孔洞沿对角线方向布置条件下试样模型示意图，即两孔洞圆心的连线为试样正方形面对角线方向的对称轴。2 个孔洞的直径分别为 6 mm、8 mm、15 mm，两孔洞圆心与试样上下左右平面的最小距离均为 35 mm，孔洞深度为 150 mm。

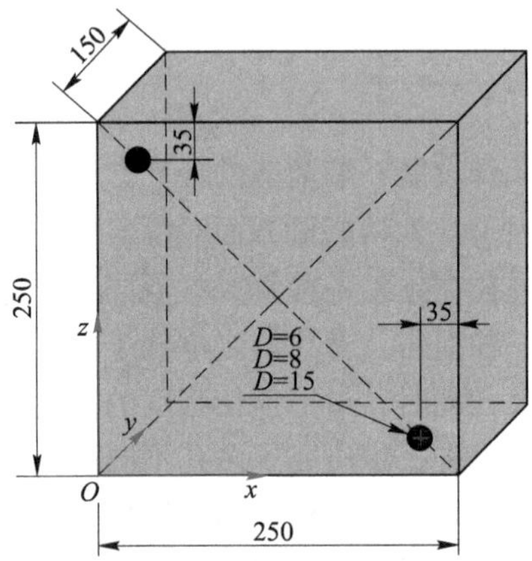

图 3.1　两孔情况下不同孔洞直径试样的模型示意图

图 3.2（a）为 2 个孔洞沿对角线方向布置时（孔洞直径依次为 6 mm、8 mm、15 mm），围压 12 MPa 条件下，试样弹塑性模型最大可释放应变能 U_{et} 与弹塑性可释放应变能损伤率 α 变化曲线。数据显示，随着孔洞直径的增大，弹塑性模型最大可释放应变能呈逐步减小的趋势。含 2 个孔洞试样的孔洞直径分别为 6 mm、8 mm、15 mm 时试样的弹塑性模型最大可释放应变能分别为 22856 J、22452 J、16625 J。随着孔洞直径的增大，弹塑性可释放应变能损伤率 α 呈逐渐增加的趋势。含 2 个对角线孔洞试样的孔洞直径分别为 6 mm、8 mm、15 mm 时，其弹塑性可释放应变能损伤率 α 分别为 25.5%、26.9%、45.8%。

图 3.2（b）为 2 个孔洞沿对角线方向布置，孔洞直径依次为 6 mm、8 mm、15 mm 时，试样从状态一加载至状态三（见前文 2.3.1 节）、即主应力达到峰值强度状态时，外力对试样所做的总功及其损伤率 β 的变化曲线。数据显示，随着孔洞直径的增大，外力对试样所做的总功呈逐步减小的趋势。含 2 个对角线孔洞试样的孔洞直径分别为 6 mm、8 mm、15 mm 时外力对试样所做的总功分别为 26207 J、22943 J、19235 J。随着孔洞直径的增大，外力对试样所做总功的损伤率 β 呈逐渐增加的趋势。含 2 个对角线孔洞试样的孔洞直径分别为 6 mm、8 mm、15 mm 时外力对试样所做总功的损伤率 β 分别为 18.7%、28.9%、40.4%。

上述研究表明，直径对含 2 个孔洞岩石试样的弹塑性模型最大可释放应变能与接受外力所做的总功造成了显著的损伤。根据前述研究，能量指标的变化会引起试样力学参数的变化，采用 FLAC3D 软件分别对 2 个孔洞沿对角线布置时孔洞直径由 6 mm 依次增大到 8 mm、15 mm 试样进行数值模拟。求得试样的单轴抗压强度以及不同围压下试样的峰值强度，根据线性回归得出不同孔洞直径下的试样拟合斜率以及其当量 C、φ 值、强度损伤率等指标，为定量研究不同孔洞直径下强度损伤提供数据基础。

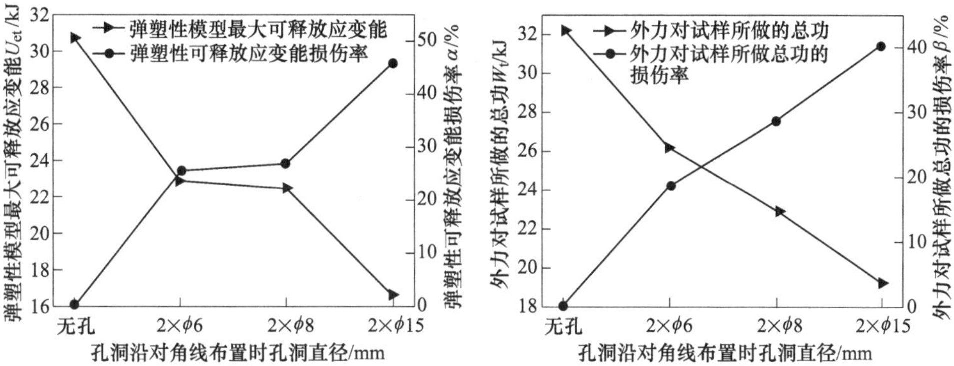

(a) (b)

图 3.2 两孔情况下不同孔洞直径试样能量变化及损伤趋势

（a）弹塑性模型可释放应变能变化趋势；（b）接受外力所做总功的变化趋势

采用 FLAC3D 数值模拟软件分别对 2 个孔洞沿对角线布置时孔洞直径由 6 mm 依次增大到 8 mm、15 mm 的试样进行加载，并监测和提取试样上表面的压力与位移，进而得到了上述试样不同围压下的应力-应变曲线，受篇幅限制，上述试样的不同围压应力-应变曲线在此不再赘述。

如图 3.3 所示，根据上述数值模拟结果，获得了相应试样的单轴抗压强度与围压 4 MPa、围压 8 MPa、围压 12 MPa、围压 16 MPa、围压 20 MPa 下对应峰值强度，并进行线性回归分析。数值模拟与线性回归结果表明，各试样的峰值强度 σ_1 与对应围压 σ_3 呈现出良好的线性相关性，2 个孔洞对角线布置时孔洞直径分别为 6 mm、8 mm、15 mm 试样的截距 b（单轴抗压强度）、斜率 m，以及 R^2 如图 3.3 所示。

两孔情况下不同孔洞直径试样对角线布置时所对应的单轴抗压强度 b、斜率 m 如图 3.4（a）所示。由图可知，随着孔洞直径的增加，整体试样的单轴抗压强度 b、斜率 m 均呈现下降趋势。2 个孔洞位置一定时，孔洞直径依次为 6 mm、8 mm、15 mm 时，试样的单轴抗压强度依次为 90.85239 MPa、87.47940 MPa、78.34709 MPa；拟合斜率分别为 3.78832、3.47174、2.82249。

将图 3.4（a）中对应试样的拟合截距和斜率，代入式（2.3）和式（2.4）中，可以求得对应试样的当量 C、φ 值。不同直径 2 个孔洞对角线布置试样的当量 C、φ 值如图 3.4（b）所示。图 3.4（b）表明，随着孔洞直径的增加，整体试样的当量 φ 值呈现逐步下降趋势。2 个孔洞位置一定时，孔洞直径依次为

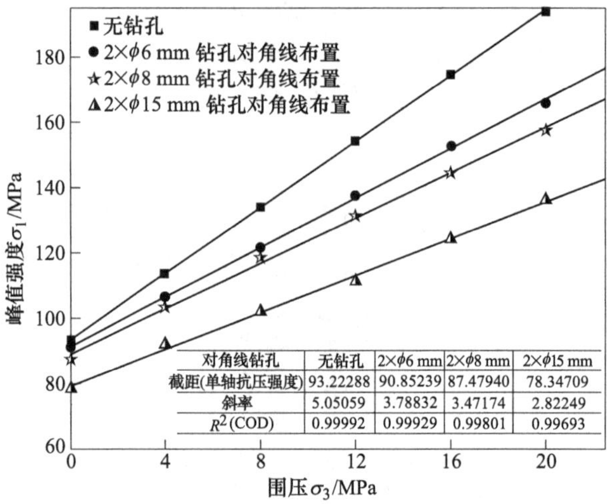

对角线钻孔	无钻孔	2×ϕ6 mm	2×ϕ8 mm	2×ϕ15 mm
截距(单轴抗压强度)	93.22288	90.85239	87.47940	78.34709
斜率	5.05059	3.78832	3.47174	2.82249
R^2(COD)	0.99992	0.99929	0.99801	0.99693

图 3.3 两孔情况下不同孔洞直径试样各围压对应强度拟合情况

6 mm、8 mm、15 mm 时，试样的当量内摩擦角依次为 35.61°、33.56°、28.48°。但试样的当量内聚力 C 随着孔洞直径的增加出现先增高后降低的无序变化。

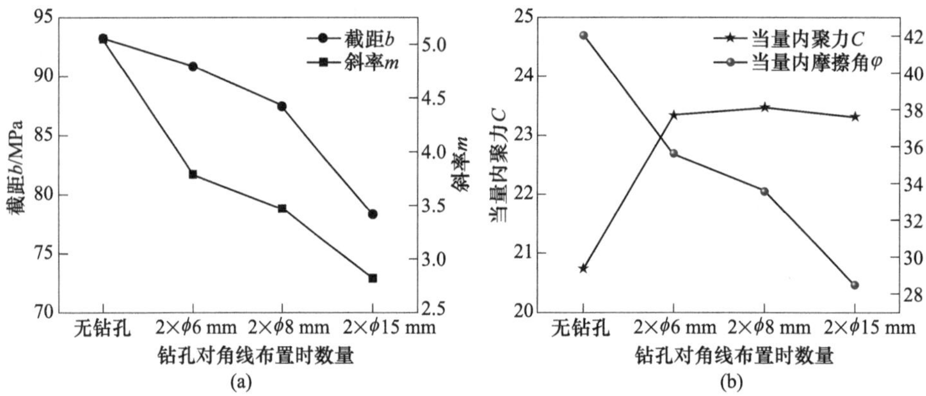

图 3.4 两孔情况下不同孔洞直径试样的力学参数变化趋势

（a）2 个对角线孔洞试样的 m 和 b 值变化；（b）2 个对角线孔洞试样的当量 C、φ 值变化

2 个孔洞位置一定时，不同直径试样的理论强度损伤率如图 3.5 所示，由图可知，随着孔洞直径的增大，试样整体强度损伤率呈现不断上升的趋势。单轴抗压强度条件下孔洞直径由 6 mm 增长至 15 mm 时，试样强度损伤率由 2.5%增加至 15.9%；围压为 4 MPa 条件下孔洞直径由 6 mm 增长至 15 mm 时，试样强度损伤率由 6.5%增加至 20.9%；围压为 8 MPa 条件下孔洞直径由 6 mm 增长至 15 mm 时，试样强度损伤率由 9.3%增加至 24.5%；围压为 12 MPa 条件下孔洞直径由

6 mm 增长至 15 mm 时，试样强度损伤率由 11.4%增加至 27%；围压为 16 MPa 条件下孔洞直径由 6 mm 增长至 15 mm 时，试样强度损伤率由 12.9%增加至 29%；围压为 20 MPa 条件下孔洞直径由 6 mm 增长至 15 mm 时，试样强度损伤率由 14.2%增加至 30.6%。

图 3.5 显示，随着围压的增大，同一试样的强度损伤率不断增加。2 个孔洞位置一定时，直径为 6 mm 时围压从 0 增大到 20 MPa 时，试样强度损伤率由 2.5%增加至 14.2%；直径为 8 mm 时围压从 0 增大到 20 MPa 时，试样强度损伤率由 6.1%增加至 19.2%；直径为 15 mm 时围压从 0 增大到 20 MPa 时，试样强度损伤率由 15.9%增加至 30.6%。

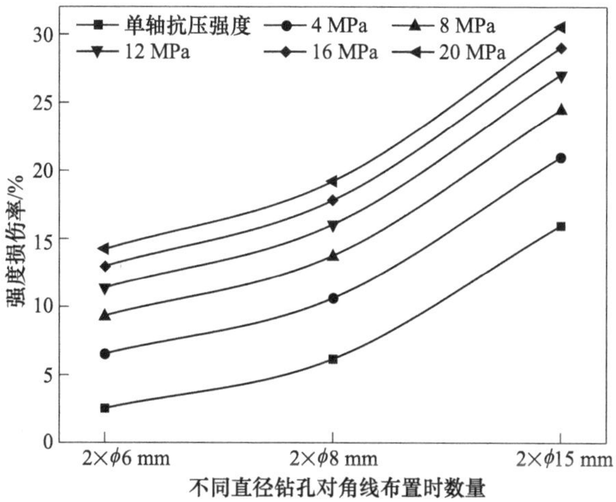

图 3.5 两孔情况下不同孔洞直径试样理论强度损伤率曲线

3.1.2 三孔情况下不同孔洞直径岩石试样损伤弱化能量变化规律

前文对两孔不同直径的一组试样的能量演化与损伤规律进行了研究，为了研究含 3 个孔洞岩石试样的损伤弱化与能量演化规律，本书在同等条件下对 3 个孔洞分别按三角形、对角线布置的试样展开研究。3 个孔洞三角形布置时，孔洞直径由 6 mm 依次增大到 8 mm、15 mm 的一组试样模型如图 3.6（a）所示；3 个孔洞对角线布置时，孔洞直径由 6 mm 依次增大到 8 mm、15 mm 的一组试样模型如图 3.6（b）所示。

3 个孔洞三角形布置时，孔洞直径依次为 6 mm、8 mm、15 mm 时试样弹塑性模型最大可释放应变能 U_{et}与可释放应变能损伤率 α 变化曲线如图 3.7（a）所示，结果表明，试样的 3 个孔洞三角形布置时，孔洞直径分别为 6 mm、8 mm、15 mm 时试样的弹塑性模型最大可释放应变能分别为 24891 J、22532 J、17643 J；试样的 3 个孔洞三角形布置时，孔洞直径分别为 6 mm、8 mm、15 mm 时，其弹

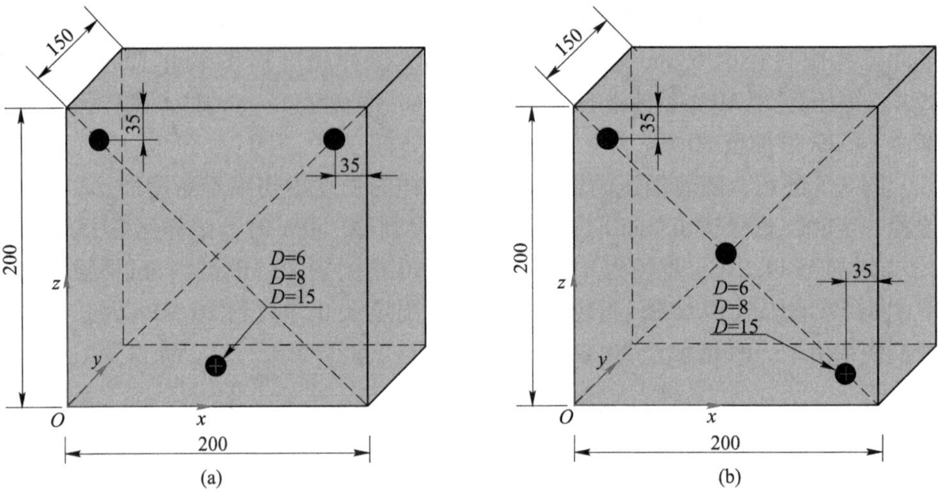

图 3.6　三孔情况下不同孔洞直径试样模型示意图

（a）孔洞三角形布置试样模型；（b）孔洞对角线布置试样模型

塑性可释放应变能损伤率 α 分别为 18.9%、26.6%、42.5%。

图 3.7（b）为 3 个孔洞三角形布置时，孔洞直径依次为 6 mm、8 mm、15 mm 时，外力对试样所做的总功 N_t 及其损伤率 β 的变化曲线。数据显示，试样的 3 个孔洞三角形布置时，孔洞直径分别为 6 mm、8 mm、15 mm 时外力对试样所做的总功分别为 26223 J、23196 J、18454 J；外力对试样所做总功的损伤率 β 分别为 18.7%、28.1%、42.8%。

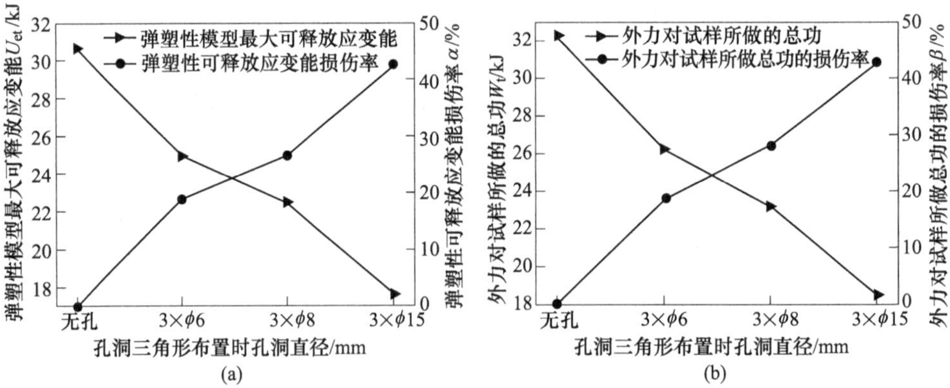

图 3.7　孔洞三角形布置时试样能量变化及损伤趋势

（a）弹塑性模型可释放应变能变化趋势；（b）接受外力所做总功的变化趋势

图 3.8（a）为 3 个孔洞对角线方向布置时，孔洞直径依次为 6 mm、8 mm、15 mm 时试样弹塑性模型最大可释放应变能 U_{et}与弹塑性可释放应变能损伤率 α

变化曲线。数据显示，试样的 3 个孔洞对角线布置时，孔洞直径分别为 6 mm、8 mm、15 mm 时试样的弹塑性模型最大可释放应变能分别为 21372 J、19918 J、15198 J；弹塑性可释放应变能损伤率 α 分别为 30.4%、35.1%、50.5%。

图 3.8（b）为 3 个孔洞对角线方向布置时，孔洞直径依次为 6 mm、8 mm、15 mm 时，外力对试样所做的总功 W_t 及其损伤率 β 的变化曲线。结果显示，试样的 3 个孔洞对角线布置时，孔洞直径分别为 6 mm、8 mm、15 mm 时外力对试样所做的总功分别为 22140 J、21016 J、16629 J；外力对试样所做总功的损伤率 β 分别为 31.4%、34.8%、48.4%。

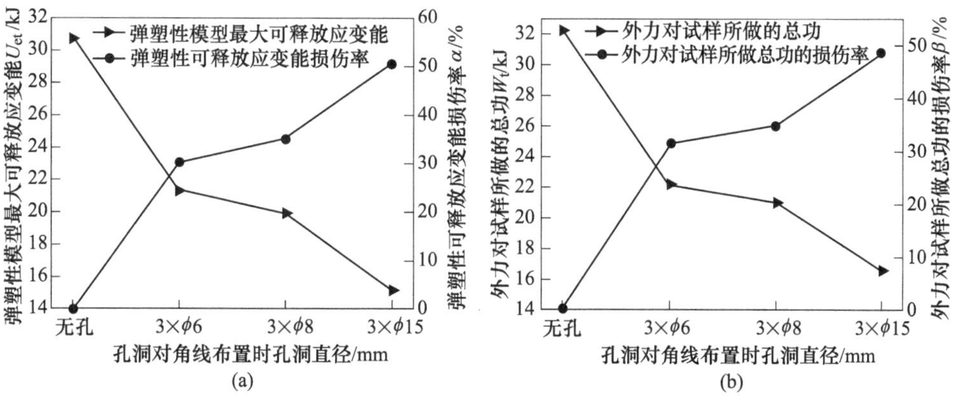

图 3.8 孔洞对角线布置时试样能量变化及损伤趋势

（a）弹塑性模型可释放应变能变化趋势；（b）接受外力所做总功的变化趋势

上述研究表明，含 3 个孔洞试样，随着孔洞直径的增大，试样的弹塑性模型最大可释放应变能 U_{et} 与外力对试样所做的总功 W_t 呈逐步减小的趋势；试样的弹塑性可释放应变能损伤率 α 与外力对试样所做总功的损伤率 β 呈逐渐增加的趋势。

为研究直径不同条件下，3 个孔洞三角形、对角线布置的试样拟合斜率以及当量 C、φ 值、强度损伤率等指标的变化规律，采取与前文相同的研究方法，研究得到 3 个孔洞三角形布置的试样单轴抗压强度 b、斜率 m，以及 R^2，如图 3.9（a）所示。直径分别为 6 mm、8 mm、15 mm 的 3 个对角线布置孔洞试样的截距 b、斜率 m，以及 R^2 如图 3.9（b）所示。

直径分别为 6 mm、8 mm、15 mm 的孔洞试样三角形布置时所对应的截距 b、斜率 m 变化趋势如图 3.10（a）所示。3 个孔洞三角形布置时，孔洞直径依次为 6 mm、8 mm、15 mm 的试样单轴抗压强度分别为 89.79839 MPa、86.08907 MPa、78.74142 MPa；本组试样孔洞直径由小到大时，其拟合斜率分别为 3.96133、3.52678、3.04201。

3 个孔洞三角形布置试样的当量 C、φ 值如图 3.10（b）所示。图 3.10（b）

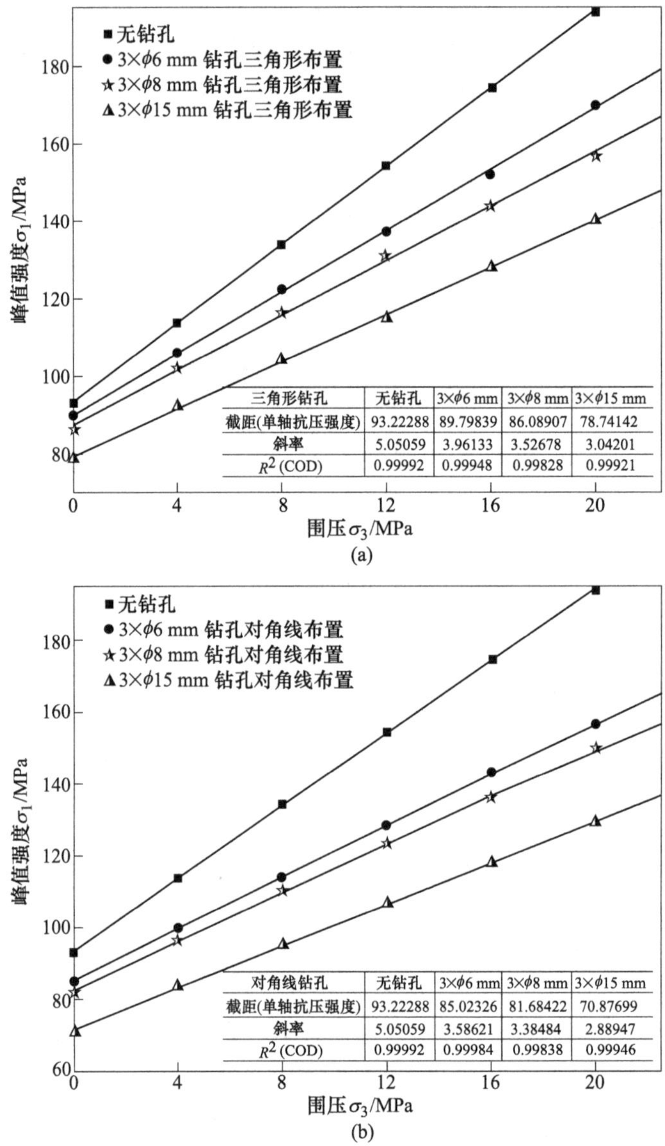

图 3.9　3 个孔洞试样各围压对应的强度拟合情况

（a）3 个孔洞三角形布置试样；（b）3 个孔洞对角线布置试样

表明，3 个孔洞三角形布置时，孔洞直径依次为 6 mm、8 mm、15 mm 的试样当量内摩擦角分别为 36.65°、33.93°、30.34°。但试样的当量内聚力 C 随着 3 个孔洞直径的增加出现先增高后降低的无序变化。

直径不同条件下，3 个孔洞对角线布置的试样所对应的单轴抗压强度 b、斜率 m 如图 3.10（c）所示。3 个直径分别为 6 mm、8 mm、15 mm 孔洞对角线布置试样其单抗依次为 85.02326 MPa、81.68422 MPa、70.87699 MPa；拟合斜率分别为 3.58621、3.38484、2.88947。

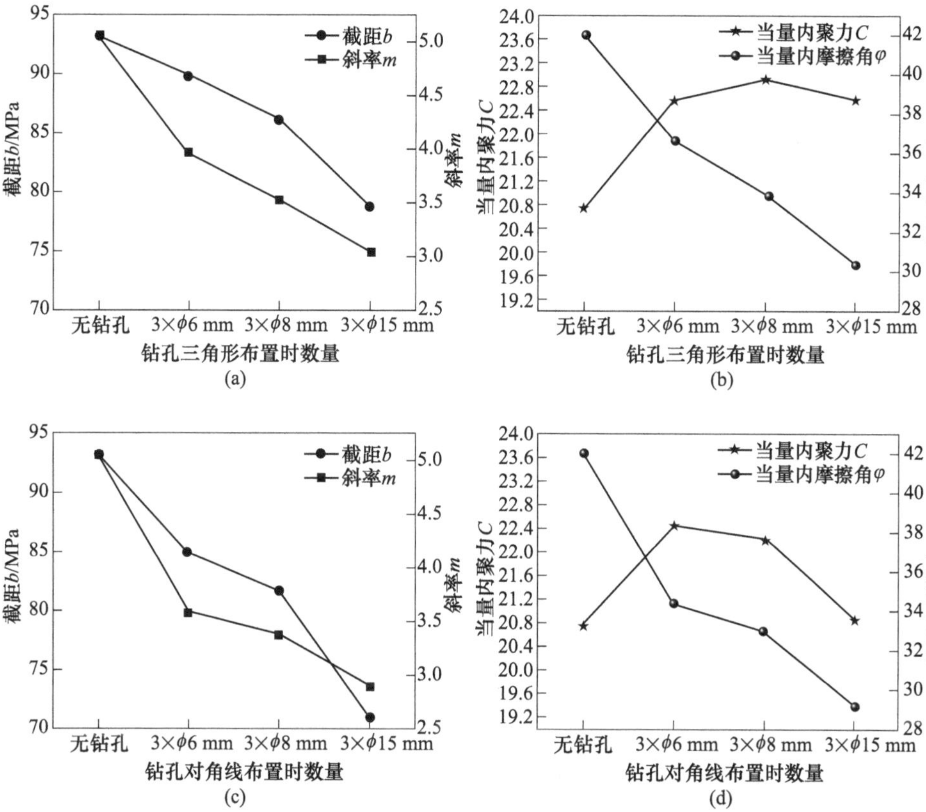

图 3.10 含 3 个孔洞试样的力学参数变化趋势

(a) 孔洞三角形布置试样 m 和 b 值变化；(b) 孔洞三角形布置试样当量 C、φ 值变化；
(c) 孔洞对角线布置试样 m 和 b 值变化；(d) 孔洞对角线布置试样当量 C、φ 值变化

直径不同条件下，3 个孔洞对角线布置的试样的当量 C、φ 值变化趋势如图 3.10（d）所示。3 个孔洞对角线布置时，孔洞直径依次为 6 mm、8 mm、15 mm 的试样当量内摩擦角分别为 34.33°、32.95°、29.06°。3 个对角线布置的孔洞试样当量内聚力 C 随着孔洞直径的增加出现逐渐降低的趋势，但均高于无孔试样。

上述研究表明，随着孔洞直径的增大，整体试样的单轴抗压强度 b、斜率 m 均呈现下降趋势，整体试样的当量 φ 值呈现逐步下降趋势。

直径不同条件下，3 个孔洞三角形布置的试样的理论强度损伤率如图 3.11（a）所示，由图可知，随着孔洞直径的增大，试样整体强度损伤率呈现不断上升的趋势。单轴抗压强度条件下孔洞直径由 6 mm 增长至 15 mm 时，试样强度损伤率由 3.67%增加至 15.5%；围压为 4 MPa 条件下孔洞直径由 6 mm 增长至

15 mm 时，试样强度损伤率由 6.86%增加至 19.85%；围压为 8 MPa 条件下孔洞直径由 6 mm 增长至 15 mm 时，试样强度损伤率由 9.08%增加至 22.86%；围压为 12 MPa 条件下孔洞直径由 6 mm 增长至 15 mm 时，试样强度损伤率由 10.7%增加至 25.08%；围压为 16 MPa 条件下孔洞直径由 6 mm 增长至 15 mm 时，试样强度损伤率由 11.98%增加至 26.88%；围压为 20 MPa 条件下孔洞直径由 6 mm 增长至 15 mm 时，试样强度损伤率由 13%增加至 28.13%。

图 3.11（a）同时表明，随着围压的增大，同一试样的强度损伤率也不断增加。直径为 6 mm 的 3 个孔洞三角形布置试样，围压从 0 增大到 20 MPa 时，试样强度损伤率由 3.67%增加至 13%；直径为 8 mm 的 3 个孔洞三角形布置试样，围压从 0 增大到 20 MPa 时，试样强度损伤率由 7.65%增加至 19.3%；直径为 15 mm 的 3 个孔洞三角形布置试样，围压从 0 增大到 20 MPa 时，试样强度损伤率由 15.5%增加至 28.13%。

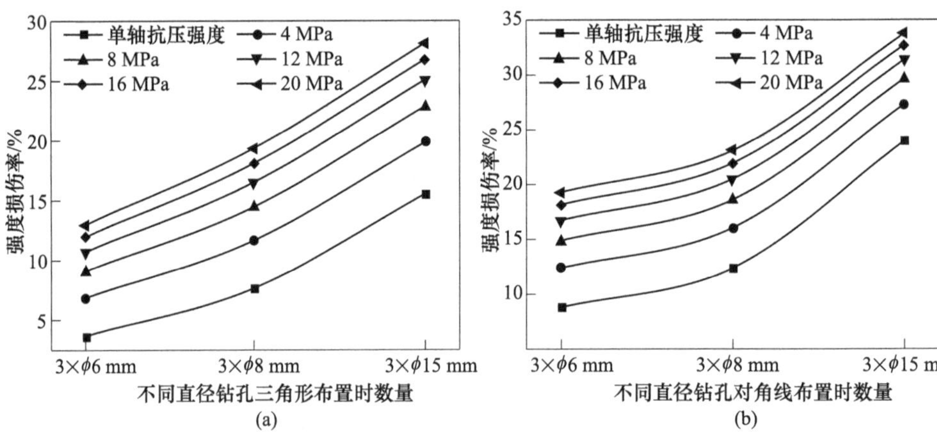

图 3.11　含 3 个孔洞试样理论强度损伤率曲线

（a）孔洞三角形布置试样强度损伤曲线；（b）孔洞对角线布置试样强度损伤曲线

直径不同条件下，3 个孔洞对角线布置的试样的损伤率如图 3.11（b）所示，由图可知，随着孔洞直径的增大，试样的理论强度损伤率呈现不断上升的趋势。单轴抗压强度条件下孔洞直径由 6 mm 增长至 15 mm 时，试样强度损伤率由 8.8%增加至 23.97%；围压为 4 MPa 条件下孔洞直径由 6 mm 增长至 15 mm 时，试样强度损伤率由 12.39%增加至 27.32%；围压为 8 MPa 条件下孔洞直径由 6 mm 增长至 15 mm 时，试样强度损伤率由 14.9%增加至 29.66%；围压为 12 MPa 条件下孔洞直径由 6 mm 增长至 15 mm 时，试样强度损伤率由 16.75%增加至 31.39%；围压为 16 MPa 条件下孔洞直径由 6 mm 增长至 15 mm 时，试样强度损伤率由 18.18%增加至 32.7%；围压为 20 MPa 条件下孔洞直径由 6 mm 增长至 15 mm 时，试样强度损伤率由 19.3%增加至 33.76%。

图 3. 11（b）显示随着围压的增大，同一试样的强度损伤率也不断增加。直径为 6 mm 的 3 个孔洞对角线方向布置试样，围压从 0 增大到 20 MPa 时，试样强度损伤率由 8. 8%增加至 19. 3%；直径为 8 mm 的 3 个孔洞对角线方向布置试样，围压从 0 增大到 20 MPa 时，试样强度损伤率由 12. 38%增加至 23. 09%；直径为 15 mm 的 3 个孔洞对角线方向布置试样围压从 0 增大到 20 MPa 时，试样强度损伤率由 23. 97%增加至 33. 76%。

3.2 不同孔洞布置方式岩石试样损伤弱化能量变化规律

钻孔数量相同，布置方式不同时，对岩石试样造成的损伤是不同的。为研究多个同直径钻孔分别横向、对角线向、竖向布置时岩石试样的弹塑性模型最大可释放应变能及其损伤率、释放能占熵增能比例、单位体积塑性区平均释放能的变化规律，本节分别研究 2 个、3 个、4 个孔洞布置情况下各试样能量损伤弱化规律，为揭示不同布置条件下能量弱化规律提供基础数据。

3.2.1 两孔情况下不同布置方式岩石试样损伤弱化能量变化规律

在岩石试样上布置 2 个直径相同的孔洞，当孔洞圆心的连线与最大主应力方向的夹角不同时，岩石试样的最大可释放弹性应变能、释放能占熵增能的比例、单位体积塑性区平均释放能等指标是不同的。为研究不同布置方式时含 2 个直径 6 mm 孔洞岩石试样的能量参数变化规律，采用 FLAC3D 软件分别对 2 个直径 6 mm 孔洞分别按竖向、对角线向、横向布置的一组试样进行数值模拟研究。以岩石试样围压 12 MPa 为例，求得各岩石试样的弹塑性可释放应变能、释放能占熵增能的比例、单位体积塑性区释放能，为定量研究 2 个孔洞岩石试样的能量损伤提供数据基础。

图 3. 12 为不同孔洞布置方式下，2 个直径 6 mm 孔的试样示意图，两孔洞分别竖向、对角线向、横向布置时，孔洞圆心的连线分别与最大主应力方向呈 0°、45°、90°的夹角。其中两孔洞竖向布置试样如图 3. 12（a）所示，两孔的圆心连线为试样正方形面竖直方向的对称轴，两孔圆心到试样上下表面的最小距离均为 35 mm。两孔对角线向布置试样如图 3. 12（b）所示，两孔的圆心连线为试样正方形面对角线方向对称轴，两圆心到试样上下及左右表面的最小距离均为 35 mm。两孔横向布置试样如图 3. 12（c）所示，两孔的圆心连线为试样正方形面水平方向的对称轴，两孔圆心到试样左右表面的最小距离均为 35 mm。

图 3. 13（a）为 2 个直径 6 mm 孔洞布置方式分别为竖向、对角线、横向时，试样弹塑性模型最大可释放应变能 U_{et}与弹塑性可释放应变能损伤率 α 变化曲线。数据显示，随着孔洞圆心的连线与最大主应力方向夹角的增大，弹塑性模型最大

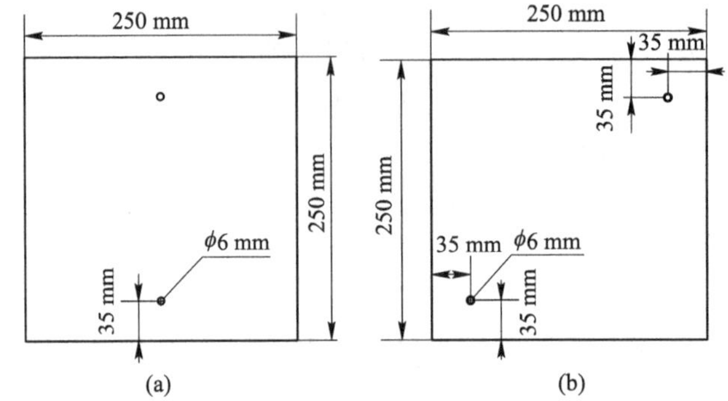

图 3.12　两孔不同布置方式试样模型示意图

（a）2×ϕ6 mm 孔洞竖向布置试样；（b）2×ϕ6 mm 孔洞对角线向布置试样；

（c）2×ϕ6 mm 孔洞横向布置试样

可释放应变能呈逐步减小的趋势。2 个直径 6 mm 孔洞分别竖向、对角线向、横向布置时，试样的弹塑性模型最大可释放应变能分别为 23773 J、22856 J、19035 J。随着孔洞圆心的连线与最大主应力方向夹角的增大，弹塑性可释放应变能损伤率 α 呈逐渐增大的趋势。两孔洞分别竖向、对角线、横向布置时，孔洞圆心的连线分别与最大主应力方向呈 0°、45°、90°的夹角，对应的弹塑性可释放应变能损伤率 α 分别为 22.6%、25.6%、38%。

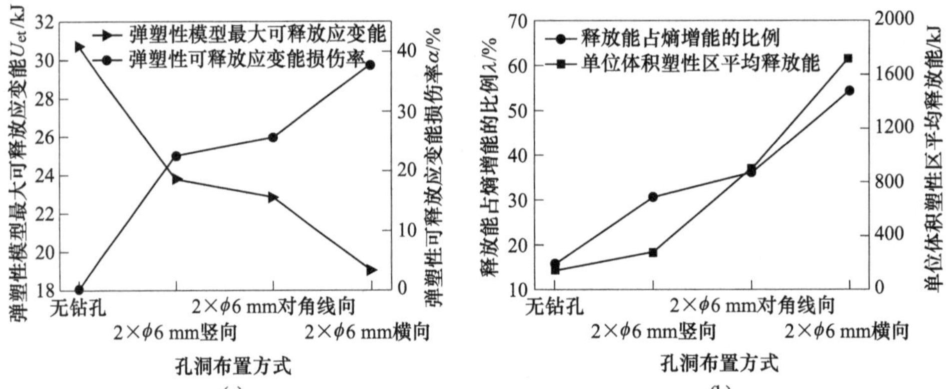

图 3.13　两孔不同布置方式试样能量变化趋势图

（a）弹塑性模型可释放应变能变化趋势；

（b）释放能占熵增能的比例与单位体积塑性区平均释放能变化趋势

图 3.13（b）为 2 个直径 6 mm 孔洞布置方式分别为竖向、对角线向、横向时，试样的释放能占熵增能的比例 λ 与单位体积塑性区平均释放能的变化趋势图。结果显示，随着孔洞圆心的连线与最大主应力方向夹角的增大，释放能占熵

增能的比例 λ 呈现逐步增大的趋势。两孔洞分别竖向、对角线向、横向布置时，释放能占熵增能的比例 λ 分别为 30.6%、36.1%、54.3%。同时随着孔洞圆心的连线与最大主应力方向夹角的增大，单位体积塑性区平均释放能呈现逐步增大的趋势。两孔洞分别竖向、对角线向、横向布置时，其单位体积塑性区平均释放能分别为 279 kJ、990 kJ、1728 kJ。

上述研究表明，2 个同直径孔洞布置方式不同时，对岩石试样的弹塑性模型最大可释放应变能、释放能占熵增能的比例、单位体积塑性区平均释放能产生了显著的影响。

为研究含 2 个孔洞试样，孔洞位置不同时，由于岩石试样的能量指标变化对相应试样的力学参数影响情况，采用 FLAC3D 软件分别对 2 个直径 6 mm 孔洞竖向、对角线向、横向布置试样进行数值模拟。求得试样的单轴抗压强度以及不同围压下整体试样的峰值强度，根据线性回归得出不同孔洞直径下的试样拟合斜率以及当量 C、φ 值，强度损伤率等指标，为定量研究不同孔洞直径下强度损伤提供数据基础。

根据上述数值模拟结果，获得了无孔洞、不同孔洞布置方式两孔试样的单轴抗压强度与围压 4 MPa、8 MPa、12 MPa、16 MPa、20 MPa 时对应峰值强度。为求得相应试样峰值强度 σ_1 与围压 σ_3 的数学表达式，分别以围压 σ_3 为横坐标、对应的峰值强度 σ_1 为纵坐标进行线性回归分析。数值模拟与线性回归结果表明，无孔洞试样、不同孔洞布置方式两孔试样的峰值强度 σ_1 与对应围压 σ_3 呈现出良好的线性相关性，对应试样的单轴抗压强度 b、斜率 m，以及 R^2 如图 3.14 所示。

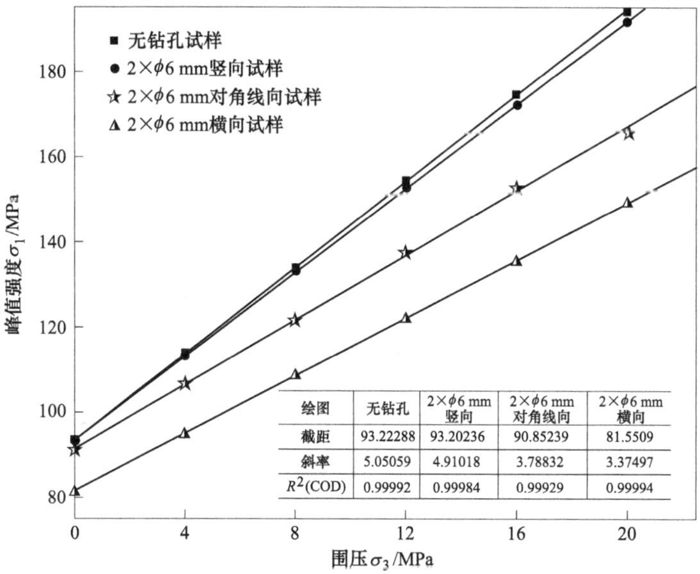

绘图	无钻孔	2×φ6 mm 竖向	2×φ6 mm 对角线向	2×φ6 mm 横向
截距	93.22288	93.20236	90.85239	81.5509
斜率	5.05059	4.91018	3.78832	3.37497
R^2(COD)	0.99992	0.99984	0.99929	0.99994

图 3.14　两孔不同布置方式试样各围压对应的强度拟合情况

不同孔洞布置方式两孔试样所对应的单轴抗压强度 b、斜率 m 变化趋势如图 3. 15（a）所示。由图可知，随着孔洞圆心连线与最大主应力方向夹角的逐步增大，试样的单轴抗压强度 b、斜率 m 均呈现下降趋势。含 2 个竖向、对角线向、横向孔洞试样的单轴抗压强度依次为 93. 20236 MPa、90. 85239 MPa、81. 5509 MPa；本组试样的拟合斜率分别为 4. 91018、3. 78832、3. 37497。

将相应试样的拟合斜率与单轴抗压强度，代入式（2. 3）和式（2. 4）中，可以求得对应试样的当量 C、φ 值。不同孔洞布置方式下两孔试样的当量 C、φ 值如图 3. 15（b）所示。图 3. 15（b）表明，随着试样上孔洞圆心的连线与竖直平面夹角的逐步增大，试样的当量内摩擦角 φ 呈现逐步下降趋势。含 2 个竖向、对角线向、横向孔洞试样当量内摩擦角 φ 依次为 41. 26°、35. 61°、32. 89°。但随着试样上孔洞圆心的连线与竖直平面夹角的逐步增大，试样的当量内聚力 C 出现先增高后降低的无序变化。

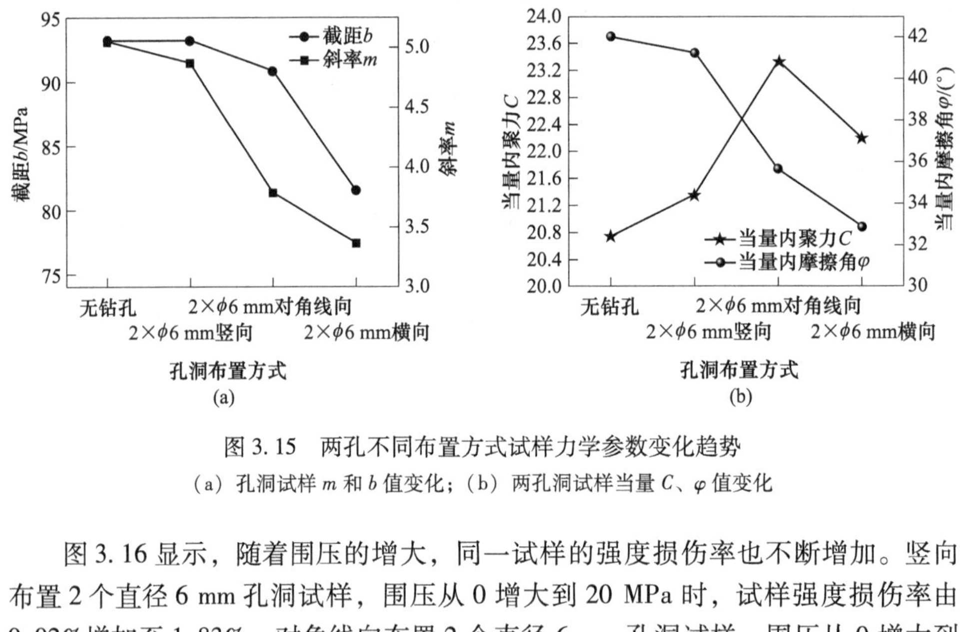

图 3. 15　两孔不同布置方式试样力学参数变化趋势

（a）孔洞试样 m 和 b 值变化；（b）两孔洞试样当量 C、φ 值变化

图 3. 16 显示，随着围压的增大，同一试样的强度损伤率也不断增加。竖向布置 2 个直径 6 mm 孔洞试样，围压从 0 增大到 20 MPa 时，试样强度损伤率由 0. 02%增加至 1. 83%；对角线向布置 2 个直径 6 mm 孔洞试样，围压从 0 增大到 20 MPa 时，试样强度损伤率由 2. 5%增加至 14. 2%；横向布置 2 个 6 mm 孔洞试样，围压从 0 增大到 20 MPa 时，试样强度损伤率由 12. 5%增加至 23. 3%。

不同布置条件下，含 2 个孔洞的试样与完整试样相比其理论强度损伤率如图 3. 16 所示，由图可知，随孔洞圆心连线与竖直面夹角的增大，试样整体强度损伤率呈现不断上升的趋势。单轴抗压强度条件下随孔洞圆心连线与竖直面夹角由 0°增大到 90°时，试样强度损伤率由 0. 02%增加至 12. 5%；围压为 4 MPa 条件下随孔洞圆心连线与竖直面夹角由 0°增大到 90°时，试样强度损伤率由 0. 6%增加

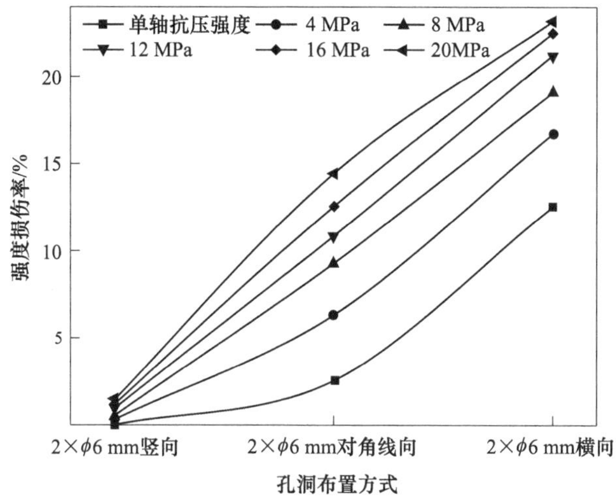

图 3.16　两孔不同布置方式试样强度损伤率曲线

至 16%；围压为 8 MPa 条件下随孔洞圆心连线与竖直面夹角由 0°增大到 90°时，试样强度损伤率由 1%增加至 18.8%；围压为 12 MPa 条件下随孔洞圆心连线与竖直面夹角由 0°增大到 90°时，试样强度损伤率由 1.4%增加至 20.6%；围压为 16 MPa 条件下随孔洞圆心连线与竖直面夹角由 0°增大到 90°时，试样强度损伤率由 1.6%增加至 22.1%；围压为 20 MPa 条件下随孔洞圆心连线与竖直面夹角由 0°增大到 90°时，试样强度损伤率由 1.8%增加至 23.2%。

3.2.2　三孔情况下不同布置方式岩石试样损伤弱化能量变化规律

前文研究了 2 个直径相同的孔洞，当孔洞圆心的连线与最大主应力方向的夹角不同时，岩石试样的最大可释放弹性应变能、释放能占熵增能的比例、单位体积塑性区平均释放能等差异显著。本书在同等条件下对含 3 个直径 6 mm 孔洞不同布置方式时，岩石试样的能量存储能力、释放能占熵增能的比例、单位体积塑性区释放能等指标进行研究。

图 3.17 为不同孔洞布置方式下含三个孔洞的试样示意图，图中从左到右为 3 个直径 6 mm 孔洞依次竖向、对角线向、横向布置试样。其中 3 个孔洞竖向布置试样其孔洞圆心所连直线为试样竖直方向的对称轴，中间孔洞圆心位于试样的正中央，两边孔洞圆心与试样上下表面的最小距离均为 35 mm。3 个孔洞对角线向布置试样其孔洞圆心所连直线为试样对角线方向的对称轴，中间孔洞圆心位于试样的正中央，两边孔洞圆心与试样的上下及左右表面的最小距离均为 35 mm。3 个孔洞横向布置试样其孔洞圆心所连的直线为试样水平方向的对称轴，中间孔洞圆心位于试样的正中央，两边孔洞圆心与试样左右表面的最小距离均为 35 mm。

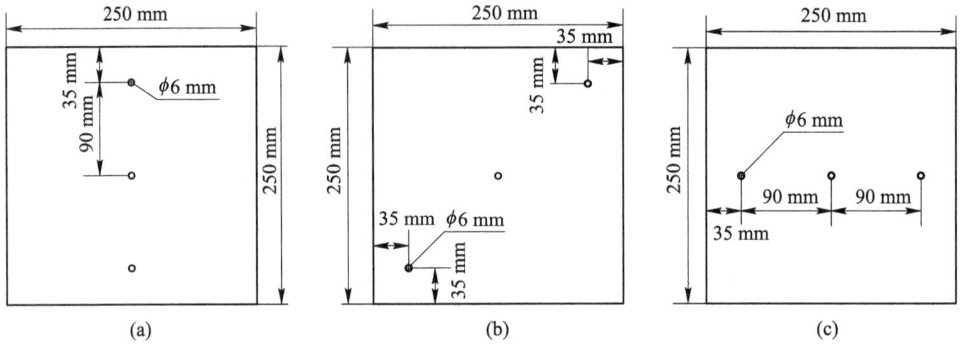

图 3.17　三孔不同布置方式试样模型示意图

（a）3×ϕ6 mm 孔洞竖向布置试样；（b）3×ϕ6 mm 孔洞对角线向布置试样；（c）3×ϕ6 mm 孔洞横向布置试样

图 3.18（a）为 3 个直径 6 mm 孔洞布置方式分别为竖向、对角线向、横向时，试样弹塑性模型最大可释放应变能 U_{et}与弹塑性可释放应变能损伤率 α 变化曲线。数据显示，3 个直径 6 mm 孔洞分别竖向、对角线向、横向布置时，试样的弹塑性模型最大可释放应变能分别为 24390 J、21372 J、19526 J。对应的弹塑性可释放应变能损伤率 α 分别为 20.6%、30.4%、36.4%。

图 3.18（b）为 3 个直径 6 mm 孔洞布置方式分别为竖向、对角线向、横向时，试样的释放能占熵增能的比例 λ 与单位体积塑性区平均释放能的变化趋势图。结果显示，三孔洞分别竖向、对角线、横向布置时，释放能占熵增能的比例 λ 分别为 20.6%、38.1%、51.7%，单位体积塑性区平均释放能分别为 1156 kJ、1585 kJ、1705 kJ。

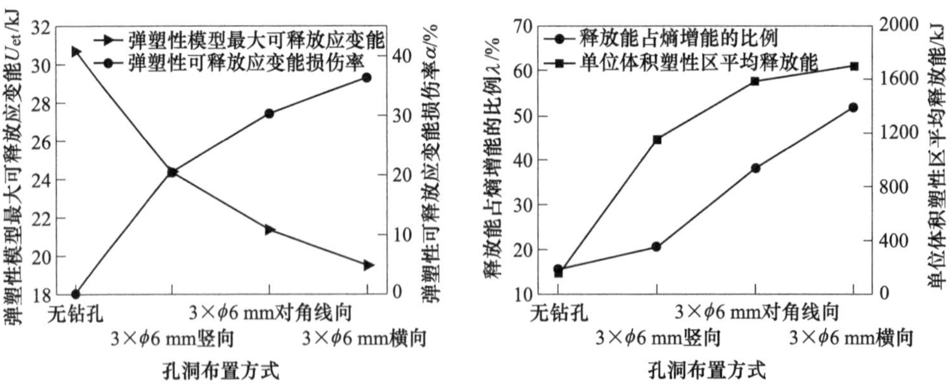

图 3.18　三孔不同布置方式试样能量变化趋势图

（a）弹塑性模型可释放应变能变化趋势；

（b）释放能占熵增能的比例与单位体积塑性区平均释放能变化趋势

上述研究表明，3 个同直径孔洞布置方式不同时，对岩石试样的弹塑性模型最大可释放应变能、释放能占熵增能的比例、单位体积塑性区平均释放能产生了显著的影响，但变化规律与 2 个孔洞条件下相统一。

为继续探究 3 个同直径孔洞布置方式不同时，由于岩石试样的能量指标变化而引起的对应试样力学参数的变化情况，采用 FLAC3D 软件分别对不同孔洞布置方式（竖向、对角线向、横向）下 3 个直径 6 mm 孔洞试样进行数值模拟，求得试样的单轴抗压强度以及不同围压下，整体试样的峰值强度，根据线性回归得出不同孔洞直径下的试样拟合斜率以及当量 C、φ 值，强度损伤率等指标。

根据上述数值模拟结果，得到了上述试样的单轴抗压强度与围压 4 MPa、8 MPa、12 MPa、16 MPa、20 MPa 时对应峰值强度。以相应试样围压 σ_3 为横坐标，对应的峰值强度 σ_1 为纵坐标进行线性回归分析。结果表明，上述试样的峰值强度 σ_1 与对应围压 σ_3 呈现出良好的线性相关性，无孔洞试样、竖向布置 3 个直径 6 mm 孔洞试样、对角线向布置 3 个直径 6 mm 孔洞试样、横向布置 3 个直径 6 mm 孔洞试样的单轴抗压强度 b、斜率 m，以及 R^2 如图 3.19 所示。

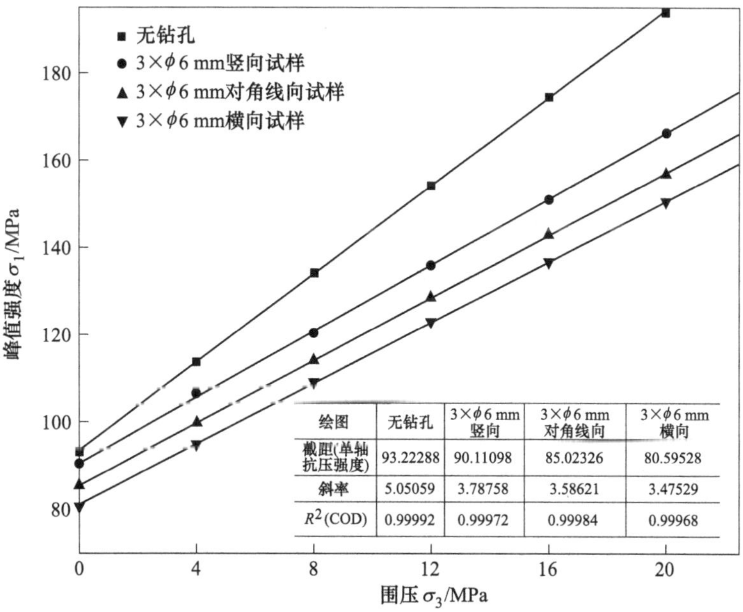

绘图	无钻孔	3×φ6 mm 竖向	3×φ6 mm 对角线向	3×φ6 mm 横向
截距(单轴抗压强度)	93.22288	90.11098	85.02326	80.59528
斜率	5.05059	3.78758	3.58621	3.47529
R^2(COD)	0.99992	0.99972	0.99984	0.99968

图 3.19　三孔不同布置方式试样各围压对应试样的强度拟合情况

图 3.20（a）为不同孔洞布置方式下，含 3 个直径 6 mm 孔洞试样的单轴抗压强度 b、斜率 m 变化趋势图。由图可知，随着孔洞圆心连线与竖直面夹角的增加，整体试样的单轴抗压强度 b、斜率 m 均呈现下降趋势。竖向布置 3 个 6 mm 孔洞试样、对角线向布置 3 个 6 mm 孔洞试样、横向布置 3 个 6 mm 孔洞试样的

单轴抗压强度依次为 90.11098 MPa、85.02326 MPa、80.59528 MPa；本组试样的拟合斜率分别为 3.78758、3.58621、3.47529。将上述试样的单轴抗压强度 b、斜率 m 代入式（2.3）和式（2.4），求得不同孔洞布置方式下含 3 个直径 6 mm 孔洞试样的当量 C、φ 值。

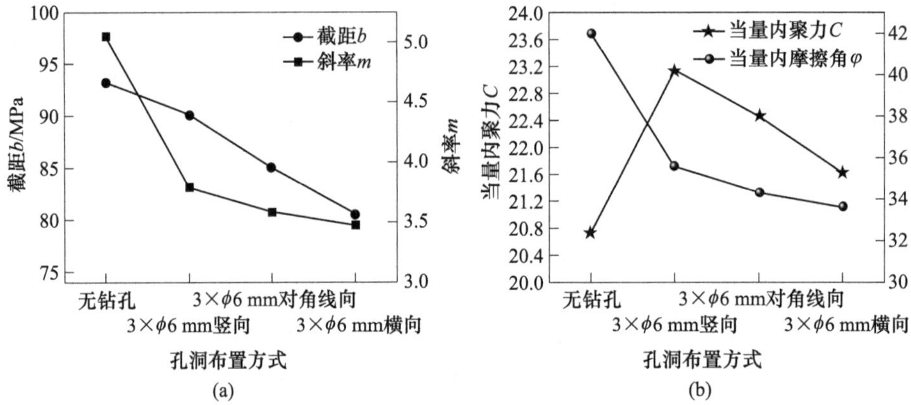

图 3.20　三孔不同布置方式试样力学参数变化趋势

（a）3 个孔洞试样 m 和 b 值变化；（b）3 个孔洞试样当量 C、φ 值变化

图 3.20（b）为 3 个直径 6 mm 孔洞分别竖向、对角线向、横向布置时，试样的当量 C、φ 值变化趋势图。由图可知，随着孔洞圆心连线与竖直面夹角的增加，整体试样的当量 φ 值呈现逐步下降趋势。孔洞布置方式分别为竖向、对角线向、横向时，试样当量内摩擦角依次为 35.61°、34.33°、33.58°。虽然试样的当量内聚力 C 随着孔洞圆心连线与竖直面夹角的增加出现降低趋势，但是有孔试样的当量内聚力均高于无孔试样。

不同孔洞布置方式下，含 3 个 6 mm 孔洞试样的理论强度损伤率如图 3.21 所示，由图可知，随着孔洞圆心连线与竖直面夹角的增加，试样理论强度损伤率呈现不断上升的趋势。单轴抗压强度条件下随孔洞圆心连线与竖直面的夹角由 0°增加到 90°时，试样强度损伤率由 3.3%增加至 13.5%；围压为 4 MPa 条件下随孔洞圆心连线与竖直面的夹角由 0°增加到 90°时，试样强度损伤率由 7.2%增加至 16.7%；围压为 8 MPa 条件下随孔洞圆心连线与竖直面的夹角由 0°增加到 90°时，试样强度损伤率由 9.9%增加至 18.9%；围压为 12 MPa 条件下随孔洞圆心连线与竖直面的夹角由 0°增加到 90°时，试样强度损伤率由 11.9%增加至 20.5%；围压为 16 MPa 条件下随孔洞圆心连线与竖直面的夹角由 0°增加到 90°时，试样强度损伤率由 13.4%增加至 21.7%；围压为 20 MPa 条件下随孔洞圆心连线与竖直面的夹角由 0°增加到 90°时，试样强度损伤率由 14.6%增加至 22.7%。

图 3.21 中显示随着围压的增大，同一试样的强度损伤率不断增加。竖向布

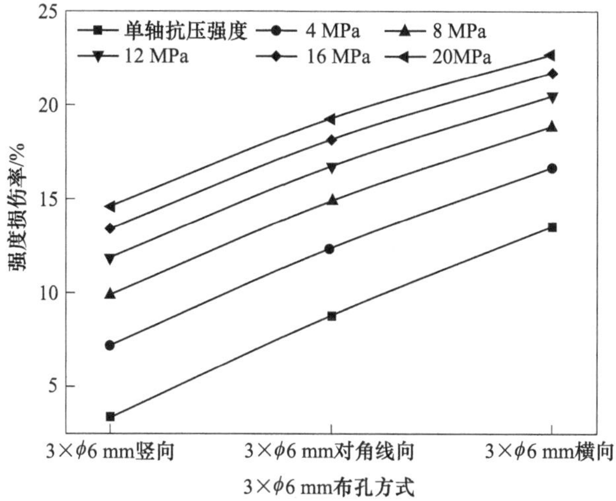

图 3.21　三孔不同布置方式试样强度损伤率曲线

置 3 个直径 6 mm 孔洞试样，围压从 0 增大到 20 MPa 时，试样强度损伤率由 3.3%增加至 14.6%；对角线向布置 3 个直径 6 mm 孔洞试样，围压从 0 增大到 20 MPa 时，试样强度损伤率由 8.8%增加至 19.3%；横向布置 3 个直径 6 mm 孔洞试样，围压从 0 增大到 20 MPa 时，试样强度损伤率由 13.5%增加至 22.7%。

3.2.3　四孔情况下不同布置方式岩石试样损伤弱化能量变化规律

前文分别对 2 个、3 个同直径孔洞布置方式不同时，试样的能量指标与力学参数的变化规律进行了系统的研究。得到随孔洞圆心连线与竖直面夹角的增加，试样弹塑性最大可释放应变能损伤率 α、释放能占熵增能的比例 λ、单位体积塑性区平均释放能、峰值强度损伤率 S 均呈现不断增大趋势。本节进一步对含 4 个直径 6 mm 孔洞布置方式不同时，岩石试样的能量参数与力学指标的变化规律进行研究。

图 3.22 为不同布置条件下，含 4 个孔洞的试样示意图，图中从左到右为 4 个直径 6 mm 孔洞依次竖向、对角线向、横向布置试样。试样的最大主应力方向为竖直方向，则孔洞圆心的连线分别与最大主应力方向呈 0°、45°、90°的夹角。其中 4 个孔洞竖向布置试样其孔洞圆心所连直线为试样竖直方向的对称轴，中间孔洞圆心位于试样的正中央，靠近边界的孔洞圆心与试样上下表面的最小距离均为 35 mm。4 个孔洞对角线向布置试样其孔洞圆心所连直线为试样对角线方向的对称轴，中间孔洞圆心位于试样的中部，两边孔洞圆心与试样的上下及左右表面的最小距离均为 35 mm。4 个孔洞横向布置试样其孔洞圆心所连的直线为试样水平方向的对称轴，中间孔洞圆心位于试样的中部，两边孔洞圆心与试样左右表面的最小距离均为 35 mm。

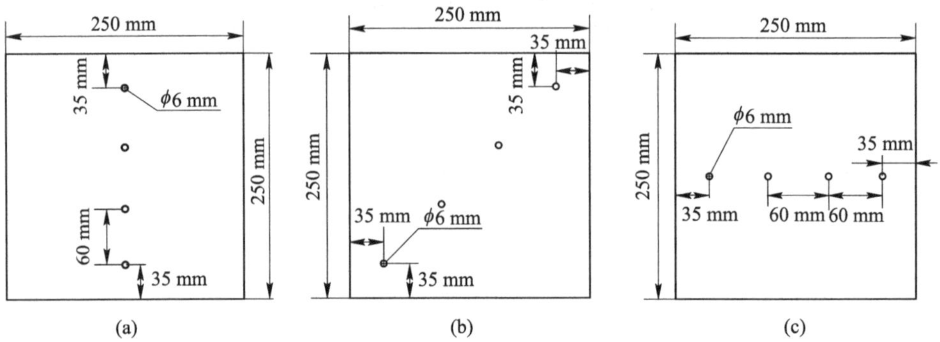

图 3.22 四孔不同布置方式试样模型示意图

（a）4×φ6 mm 孔洞竖向布置试样；（b）4×φ6 mm 孔洞对角线向布置试样；

（c）4×φ6 mm 孔洞横向布置试样

图 3.23（a）为 4 个直径 6 mm 孔洞布置方式分别为竖向、对角线向、横向时，试样弹塑性模型最大可释放应变能 U_{et} 与弹塑性可释放应变能损伤率 α 变化曲线。数据显示，4 个直径 6 mm 孔洞分别竖向、对角线向、横向布置时，试样的弹塑性模型最大可释放应变能分别为 24883 J、21488 J、20038 J。其对应的弹塑性可释放应变能损伤率 α 分别为 19.0%、30.0%、34.7%。

图 3.23（b）为 4 个直径 6 mm 孔洞布置方式分别为竖向、对角线向、横向时，试样的释放能占熵增能的比例 λ 与单位体积塑性区平均释放能的变化趋势图。结果显示，4 个孔洞分别竖向、对角线向、横向布置时，释放能占熵增能的

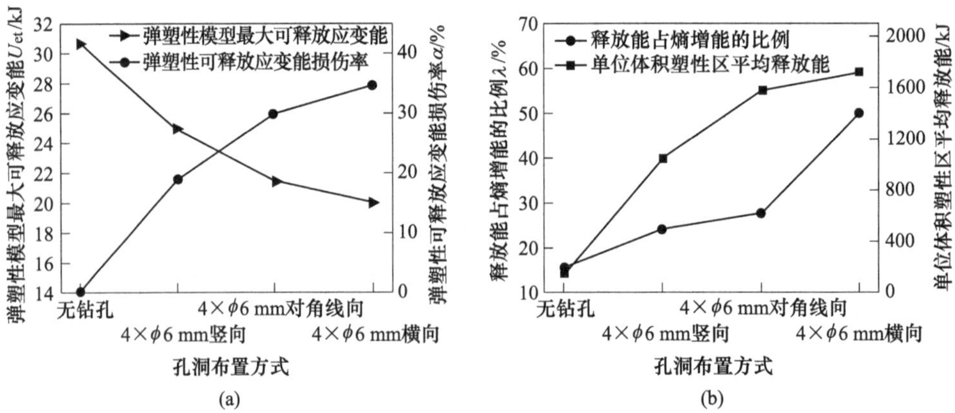

图 3.23 四孔不同布置方式试样能量变化趋势图

（a）弹塑性模型可释放应变能变化趋势；

（b）释放能占熵增能的比例与单位体积塑性区平均释放能变化趋势

比例 λ 分别为 24.2%、27.7%、50.0%，单位体积塑性区平均释放能分别为 1048 kJ、1581 kJ、1723 kJ。

上述研究表明，4 个同直径孔洞布置方式不同时，对岩石试样的能量指标产生了显著的影响。根据前述理论，这将对各试样的力学性能指标造成相应的影响，为定量研究不同孔洞直径下强度损伤提供数据基础。根据上述数值模拟结果，无孔洞试样、竖向布置 4 个直径 6 mm 孔洞试样、对角线向布置 4 个直径 6 mm 孔洞试样、横向布置 4 个直径 6 mm 孔洞试样的单轴抗压强度 b、斜率 m，以及 R^2 如图 3.24 所示。

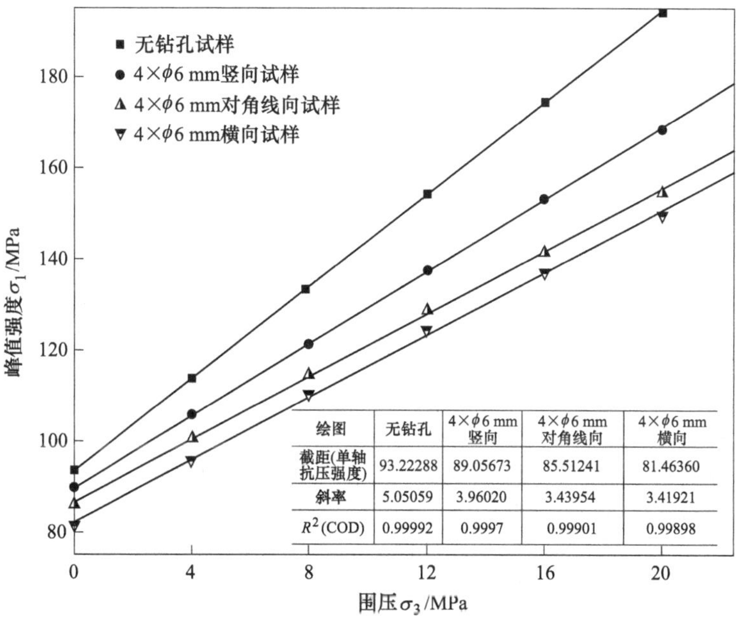

图 3.24 四孔不同布置方式试样强度拟合情况

图 3.25（a）为不同孔洞布置方式下，含 4 个直径 6 mm 孔洞试样所对应的单轴抗压强度 b、斜率 m 变化趋势图。由图可知，竖向布置 4 个直径 6 mm 孔洞试样、对角线向布置 4 个直径 6 mm 孔洞试样、横向布置 4 个直径 6 mm 孔洞试样其单轴抗压强度依次为 89.05673 MPa、85.51241 MPa、81.46360 MPa；本组试样的拟合斜率分别为 3.96020、3.43954、3.41921。依据前文式（2.3）和式（2.4）中的关系，结合上述数据，可以求得对应试样的当量 C、φ 值。

图 3.25（b）为不同孔洞布置方式下，4 个直径 6 mm 孔洞试样的当量 C、φ 值变化趋势图，由图可知，随着孔洞圆心连线与竖直面夹角的增加，整体试样的当量 φ 值呈现逐步下降趋势。竖向布置 4 个直径 6 mm 孔洞试样、对角线向布置

4 个直径 6 mm 孔洞试样、横向布置 4 个直径 6 mm 孔洞试样当量内摩擦角依次为 36. 64°、33. 33°、33. 19°。但试样的当量内聚力 C 随着孔洞圆心连线与竖直面夹角的增加出现先增高后降低的无序变化趋势。

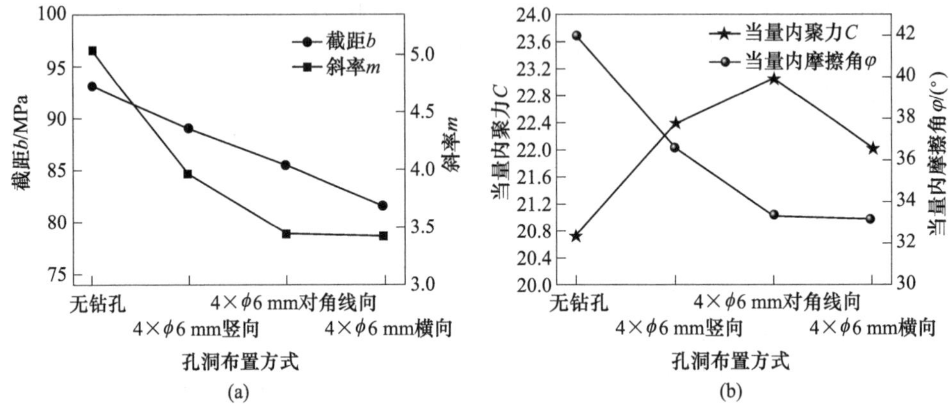

图 3. 25 四孔不同布置方式试样力学参数变化趋势

（a）4 个孔洞试样 m 和 b 值变化；（b）4 个孔洞试样当量 C、φ 值变化

不同孔洞布置方式下，含 4 个直径 6 mm 孔洞试样的理论强度损伤率如图 3. 26 所示，由图可知，随着孔洞圆心连线与竖直面夹角的增加，试样整体强度损伤率呈现不断上升的趋势。单轴抗压强度条件下随孔洞圆心连线与竖直面的夹角由 0°增加到 90°时，试样强度损伤率由 4. 4%增加至 12. 6%；围压为 4 MPa 条件下随孔洞圆心连线与竖直面的夹角由 0°增加到 90°时，试样强度损伤率由 7. 5%增加至 16. 1%；围压为 8 MPa 条件下随孔洞圆心连线与竖直面的夹角由 0°

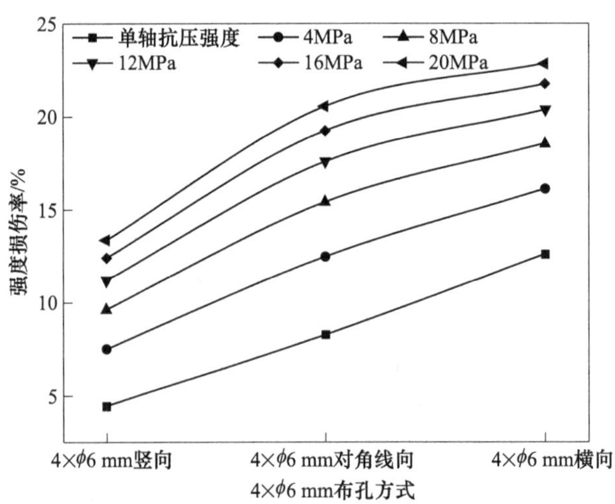

图 3. 26 四孔不同布置方式试样强度损伤率曲线

增加到 90°时，试样强度损伤率由 9.6%增加至 18.5%；围压为 12 MPa 条件下随孔洞圆心连线与竖直面的夹角由 0°增加到 90°时，试样强度损伤率由 11.2%增加至 20.3%；围压为 16 MPa 条件下随孔洞圆心连线与竖直面的夹角由 0°增加到 90°时，试样强度损伤率由 12.4%增加至 21.8%；围压为 20 MPa 条件下随孔洞圆心连线与竖直面的夹角由 0°增加到 90°时，试样强度损伤率由 13.4%增加至 22.9%。

图 3.26 中显示随着围压的增大，同一试样的强度损伤率不断增加。4 个直径 6 mm 孔洞竖向布置试样，围压从 0 增大到 20 MPa 时，试样强度损伤率由 4.4%增加至 13.4%；4 个直径 6 mm 孔洞对角线向布置试样，围压从 0 增大到 20 MPa 时，试样强度损伤率由 8.3%增加至 20.6%；4 个直径 6 mm 孔洞横向布置试样，围压从 0 增大到 20 MPa 时，试样强度损伤率由 12.6%增加至 22.9%。

3.3 不同孔洞数量岩石试样损伤弱化能量变化规律

前文分别研究了不同直径，不同布孔方式条件下，岩石试样能量损伤弱化规律与力学性能损伤规律。本节进一步研究岩石试样在边界方向上、对角线方向上、横向方向上增加同直径钻孔数量对岩体试样能量损伤弱化规律，为揭示不同数量孔洞条件下能量弱化规律提供基础数据。

3.3.1 边界方向上不同数量孔洞岩石试样损伤弱化能量变化规律

为研究边界方向上不同数量的孔洞对岩石试样产生的能量损伤。保持孔洞直径 8 mm 不变，采用 FLAC3D 软件分别对图 3.27 所示的 2 个孔洞竖向布置、3 个孔洞三角形布置、4 个孔洞正方形布置、5 个孔洞五花形布置的一组试样进行数值模拟。以岩石试样围压 12 MPa 为例，求得各岩石试样的弹塑性可释放应变能与外力对试样所做总功。

图 3.27 为边界方向上不同数量孔洞试样模型示意图。在岩石试样模型的正方形面，分别布置如图 3.27（a）所示的 2 个竖向孔洞试样。保留下方孔洞条件下，维持上方孔洞圆心与试样上平面距离不变，将上方孔洞变成 2 个孔洞，两孔洞圆心距离为 180 mm，形成如图 3.27（b）所示的三角形孔洞试样。在保留三角形孔洞试样上方两孔洞的条件下，维持下方孔洞圆心与试样上平面距离不变将下方孔洞变成 2 个孔洞，两孔洞圆心距离为 180 mm，形成如图 3.27（c）所示的正方形孔洞试样。在正方形孔洞试样四角孔洞不变的条件下，在试样中央增加一个孔洞，形成如图 3.27（d）所示的五花形孔洞试样。

图 3.28（a）为在试样正方形面的边界方向上，分别布置 2 个、3 个、4 个、5 个直径为 8 mm 的孔洞时，试样弹塑性模型最大可释放应变能 U_{et} 与弹塑性可释放应变能损伤率 α 变化曲线。数据显示，随着边界方向上孔洞数量的增加，弹塑

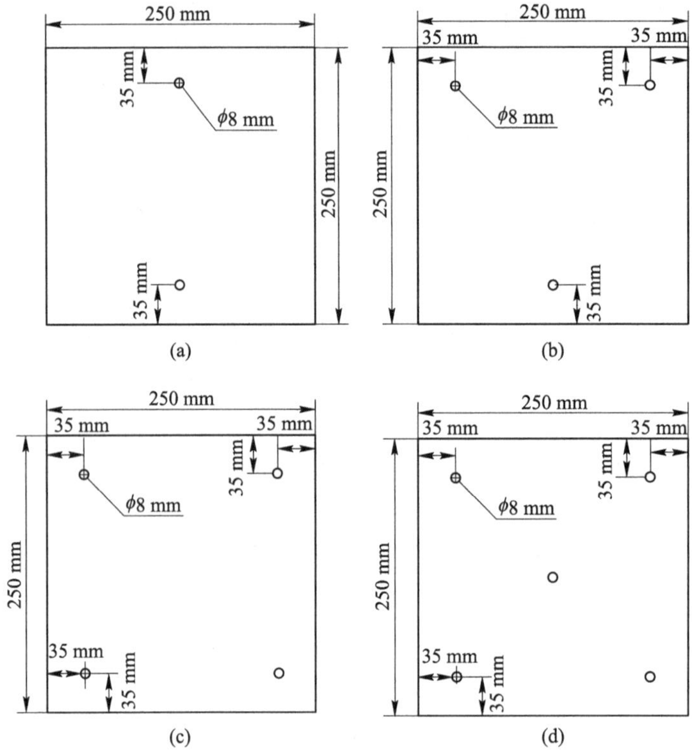

图 3.27　边界方向上不同数量孔洞试样模型示意图

（a）2×ϕ8 mm 孔洞竖向布置试样；（b）3×ϕ8 mm 孔洞三角形布置试样；
（c）4×ϕ8 mm 孔洞正方形布置试样；（d）5×ϕ8 mm 孔洞五花形布置试样

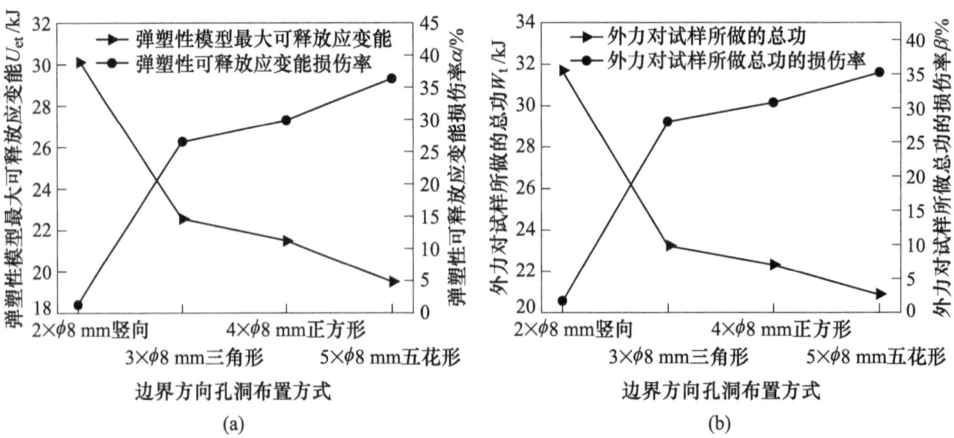

图 3.28　边界方向上不同数量孔洞试样能量变化及损伤趋势

（a）弹塑性模型可释放应变能变化趋势；（b）接受外力所做总功的变化趋势

性模型最大可释放应变能呈逐步减小的趋势。试样边界方向上孔洞数量分别为2个、3个、4个、5个时试样的弹塑性模型最大可释放应变能分别为30290 J、22532 J、21498 J、19528 J。随着边界方向上孔洞数量的增加，弹塑性可释放应变能损伤率 α 呈逐渐增加的趋势。试样边界方向上孔洞数量分别为2个、3个、4个、5个时弹塑性可释放应变能损伤率 α 分别为1.3%、26.6%、30.0%、36.4%。

图3.28（b）为在试样正方形面的边界方向上，分别布置2个、3个、4个、5个直径为8 mm的孔洞时，试样从状态一加载至状态三时，外力对试样所做的总功及其损伤率 β 的变化曲线。数据中显示，随着边界方向上孔洞数量的增加，外力对试样所做的总功呈逐步减小的趋势。试样边界方向上孔洞数量分别为2个、3个、4个、5个时外力对试样所做的总功分别为31698 J、23196 J、22303 J、20890 J。随着边界方向上孔洞数量的增加，外力对试样所做总功的损伤率 β 呈逐渐增加的趋势。试样边界方向上孔洞数量分别为2个、3个、4个、5个时其外力对试样所做总功的损伤率 β 分别为1.7%、28.1%、30.9%、35.2%。

上述研究表明，在边界方向上，不同数量的孔洞对岩石试样的弹塑性模型最大可释放应变能与接受外力所做的总功造成了显著的损伤。这势必对岩石试样的力学性能产生一定的影响，采用FLAC3D软件分别对无孔洞试样、2个孔洞竖向布置、3个孔洞三角形布置、4个孔洞正方形布置、5个孔洞五花形布置的试样进行数值模拟。求得试样的单轴抗压强度以及不同围压下，整体试样的峰值强度，根据线性回归得出不同孔洞直径下的试样拟合斜率以及当量 C、φ 值，强度损伤率等指标，为定量研究不同孔洞直径下强度损伤提供数据基础。

采用FLAC3D数值模拟软件分别对上述试样进行加载，并监测和提取试样上表面的压力与位移，进而得到了上述试样不同围压下的应力-应变曲线。根据上述数值模拟结果，获得了上述试样的单轴抗压强度与围压4 MPa、8 MPa、12 MPa、16 MPa、20 MPa时对应峰值强度。以相应试样围压 σ_3 为横坐标、对应的峰值强度 σ_1 为纵坐标进行线性回归分析。数值模拟与线性回归结果表明，试样的峰值强度 σ_1 与对应围压 σ_3 呈现出良好的线性相关性，对应试样的单轴抗压强度 b、斜率 m，以及 R^2 如图3.29所示。

图3.30（a）为边界方向上孔洞数量不同时试样的单轴抗压强度 b、斜率 m 变化趋势图。由图可知，随着孔洞数量的增加，整体试样的单轴抗压强度 b、斜率 m 均呈现下降趋势。2个直径8 mm孔洞竖向布置试样、3个直径8 mm孔洞三角形布置试样、4个直径8 mm孔洞正方形布置试样、5个直径8 mm孔洞五花形布置试样的单轴抗压强度依次为92.98080 MPa、86.08907 MPa、85.78408 MPa、80.91521 MPa；本组试样的拟合斜率分别为4.85446、3.52678、3.50022、3.30340。将上述数据代入式（2.3）和式（2.4）中，可以求得试样的当量 C、φ 值。

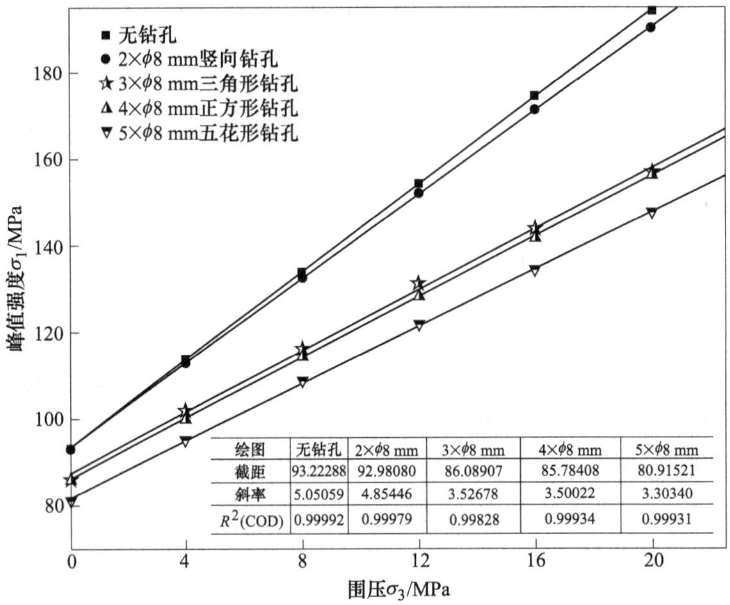

图 3.29　边界方向上不同数量孔洞试样强度拟合情况

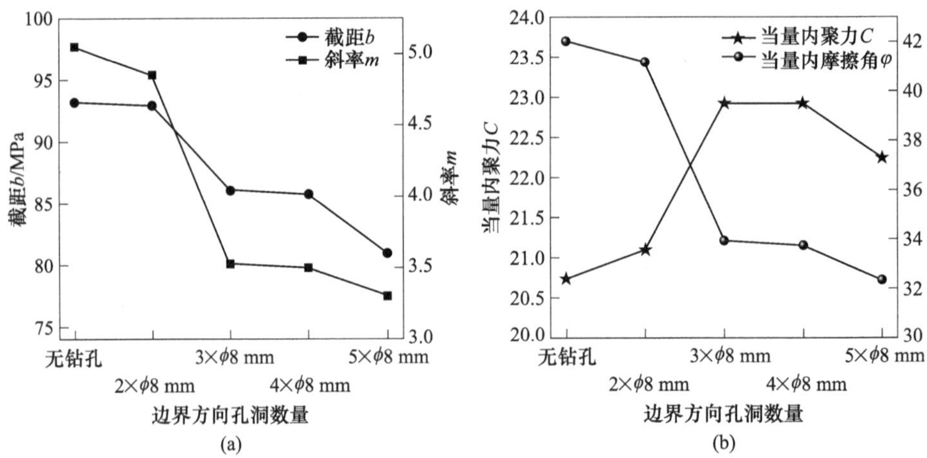

图 3.30　边界方向上不同数量孔洞试样力学参数变化趋势

（a）边界方向不同数量孔洞试样 m 和 b 值变化；（b）边界方向不同数量孔洞试样当量 C、φ 值变化

图 3.30（b）为边界方向上孔洞数量不同时试样的当量 C、φ 值变化趋势图。图 3.30（b）表明，随着孔洞数量的增加，整体试样的当量 φ 值呈现逐步下降趋势。无孔洞试样、2 个直径 8 mm 孔洞竖向布置试样、3 个直径 8 mm 孔洞三角形布置试样、4 个直径 8 mm 孔洞正方形布置试样、5 个直径 8 mm 孔洞五花形布置

试样当量内摩擦角依次为 42°、41.18°、33.93°、33.75°、32.36°。但试样的当量内聚力 C 随试样上孔洞数量增多出现先增高后降低的无序变化。

边界方向上不同数量孔洞试样与完整试样相比其理论强度损伤率如图 3.31 所示，由图可知，试样随着孔洞数量的增加，试样整体强度损伤率呈现不断上升的趋势。单轴抗压强度条件下试样随着孔洞数量由 2 个增加到 5 个，试样强度损伤率由 0.3%增加至 13.2%；围压为 4 MPa 条件下随着试样孔洞数量由 2 个增加到 5 个，试样强度损伤率由 0.91%增加至 17%；围压为 8 MPa 条件下随着试样孔洞数量由 2 个增加到 5 个，试样强度损伤率由 1.4%增加至 19.7%；围压为 12 MPa 条件下随着试样孔洞数量由 2 个增加到 5 个，试样强度损伤率由 1.7%增加至 21.63%；围压为 16 MPa 条件下随着试样孔洞数量由 2 个增加到 5 个，试样强度损伤率由 1.9%增加至 23.14%；围压为 20 MPa 条件下随着试样孔洞数量由 2 个增加到 5 个，试样强度损伤率由 2.1%增加至 24.3%。

图 3.31 中显示随着围压的增大，同一试样的强度损伤率不断增加。2 个直径 8 mm 孔洞竖向布置试样，围压从 0 增大到 20 MPa 时，试样强度损伤率由 0.3%增加至 2.1%；3 个直径 8 mm 孔洞三角形布置试样，围压从 0 增大到 20 MPa 时，试样强度损伤率由 7.7%增加至 19.3%；4 个直径 8 mm 孔洞正方形布置试样，围压从 0 增大到 20 MPa 时，试样强度损伤率由 8%增加至 19.8%；5 个直径 8 mm 孔洞五花形布置试样，围压从 0 增大到 20 MPa 时，试样强度损伤率由 13.2%增加至 24.3%。

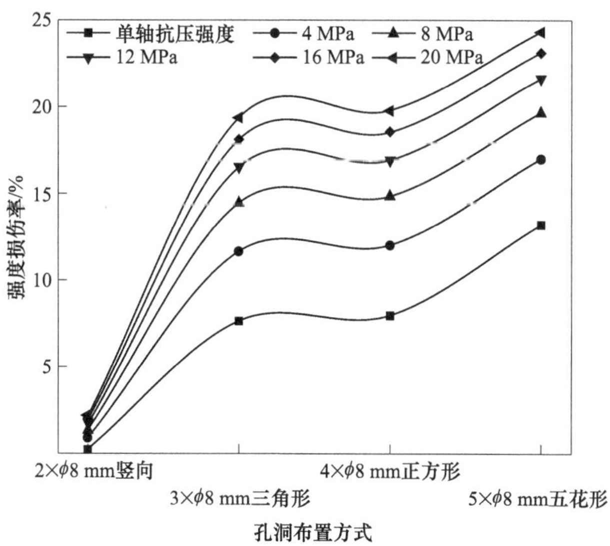

图 3.31 边界方向上不同数量孔洞试样强度损伤率曲线

3.3.2　对角线方向上不同数量孔洞岩石试样损伤弱化能量变化规律

前文对边界方向上试样钻孔数量不同时，岩石试样能量损伤弱化规律与力学性能损伤规律进行了系统研究。得到试样边界方向上随着钻孔数量的增加，弹塑性可释放应变能损伤率 α、外力对试样所做总功的损伤率 β、峰值强度损伤率 S 均呈不断增大趋势。本节进一步研究对角线方向上钻孔数量不同条件下，岩石试样能量损伤弱化规律与力学性能损伤规律，为量化研究数量不同的孔洞岩石试样的能量损伤积累基础数据。

保持孔洞直径不变，在试样对角线方向上，分别布置 1 个、3 个、4 个、5 个孔洞。图 3.32 为对角线方向上孔洞数量不同时试样模型示意图，首先布置如图 3.32（a）所示的 1 个中心孔洞试样。保留中心孔洞，在距离试样正中央水平与垂直方向 90 mm 处分别增加上下 2 个孔洞，三孔洞圆心所连直线为试样对角线方向对称轴，形成如图 3.32（b）所示的 3 个孔洞对角线布置试样。保留 3 个孔洞对角线布置试样两边的孔洞位置，在试样中央水平与垂直方向 30 mm 处分别增加左右 2 个孔洞，形成如图 3.32（c）所示的 4 个孔洞对角线布置试样。保留 3 个

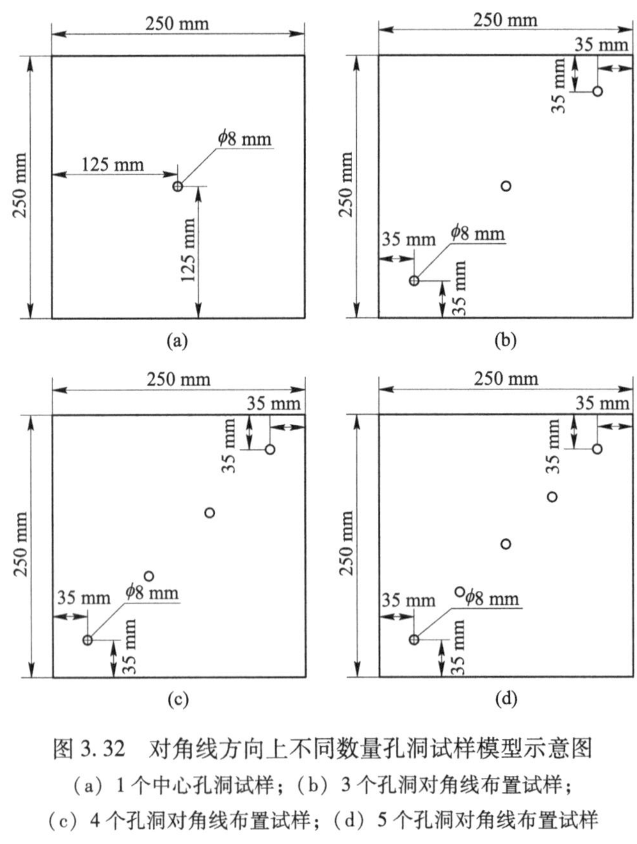

图 3.32　对角线方向上不同数量孔洞试样模型示意图

（a）1 个中心孔洞试样；（b）3 个孔洞对角线布置试样；
（c）4 个孔洞对角线布置试样；（d）5 个孔洞对角线布置试样

孔洞对角线布置试样的孔洞，在试样中央水平与垂直方向 45 mm 处分别增加左右 2 个孔洞，形成如图 3.32（d）所示的 5 个孔洞对角线布置试样。所有孔洞均为贯穿孔洞，孔洞深度为 150 mm。

图 3.33（a）为在试样正方形面的对角线方向上分别布置 1 个、3 个、4 个、5 个直径为 8 mm 的孔洞时，试样弹塑性模型最大可释放应变能 U_{et} 与弹塑性可释放应变能损伤率 α 变化曲线。数据显示，试样对角线方向上孔洞数量分别为 1 个、3 个、4 个、5 个时试样的弹塑性模型最大可释放应变能分别为 24488 J、19918 J、19017 J、17709 J，弹塑性可释放应变能损伤率 α 分别为 20.2%、35.1%、38.1%、42.3%。

图 3.33（b）为在试样正方形面的对角线方向上分别布置 1 个、3 个、4 个、5 个直径为 8 mm 的孔洞时，外力对试样所做的总功及其损伤率 β 的变化曲线。数据显示，试样对角线方向上孔洞数量分别为 1 个、3 个、4 个、5 个时外力对试样所做的总功分别为 26878 J、21016 J、20470 J、19152 J，外力对试样所做总功的损伤率 β 分别为 16.7%、34.8%、36.5%、40.6%。

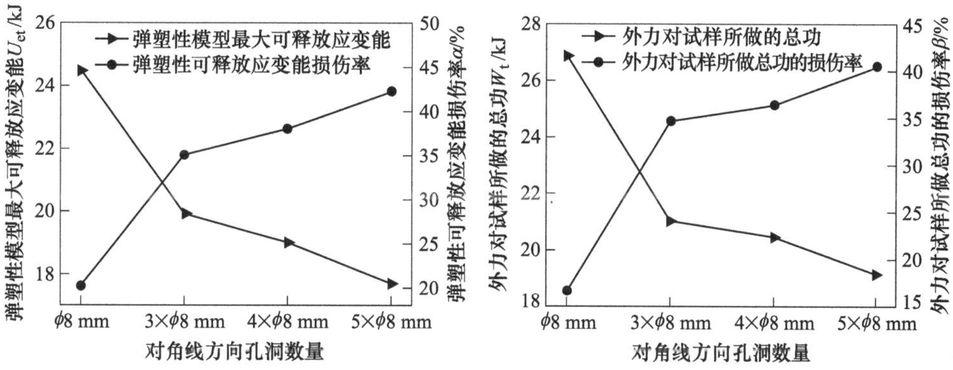

图 3.33 对角线方向上不同数量孔洞试样能量变化及损伤趋势

（a）弹塑性模型可释放应变能变化趋势；（b）接受外力所做总功的变化趋势

上述研究表明，对角线方向上孔洞数量不同时，试样的各项能量指标差异较大。为继续探究对角线方向上不同数量的孔洞对岩石试样的能量指标带来的力学性能损伤，对上述试样进行数值模拟。数值模拟获得了上述试样的单轴抗压强度与围压 4 MPa、8 MPa、12 MPa、16 MPa、20 MPa 时对应峰值强度。分别以围压 σ_3 为横坐标、对应的峰值强度 σ_1 为纵坐标进行线性回归分析。数值模拟与线性回归结果表明，试样的峰值强度 σ_1 与对应围压 σ_3 呈现出良好的线性相关性，对应试样的单轴抗压强度 b、斜率 m，以及 R^2 如图 3.34 所示。

图 3.35（a）为对角线方向布置不同数量孔洞试样的单轴抗压强度 b、斜率

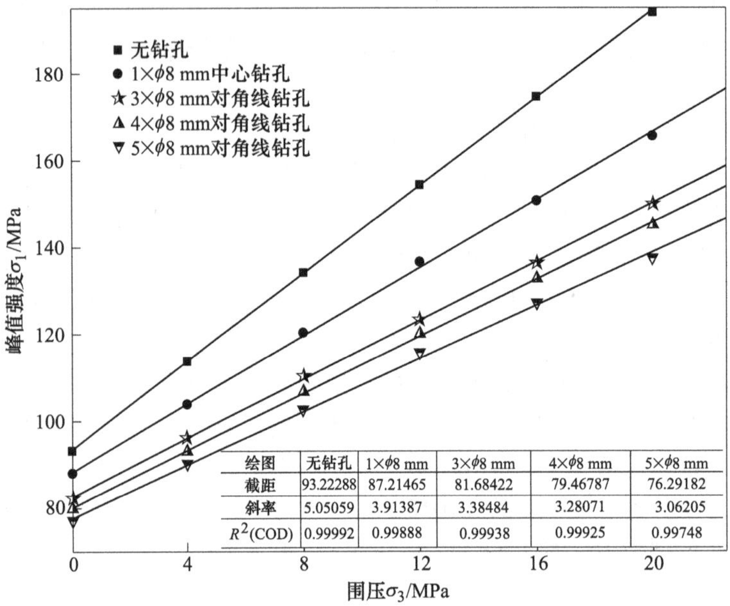

图 3.34　对角线方向上不同数量孔洞试样强度拟合情况

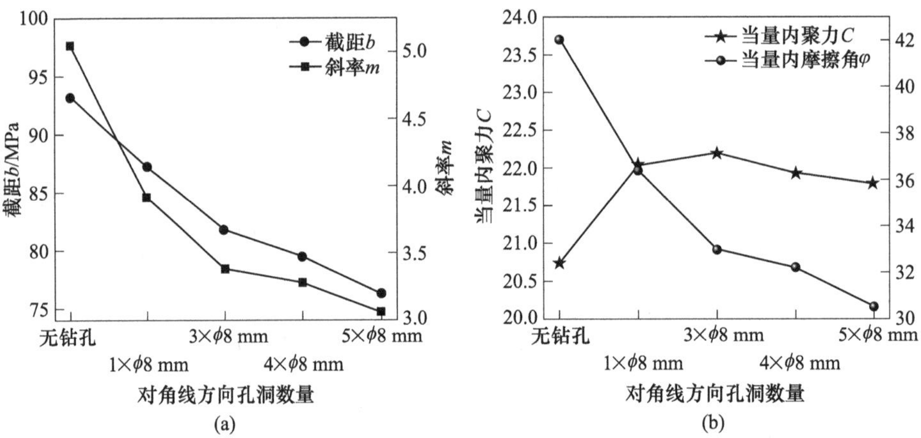

图 3.35　对角线方向上不同数量孔洞试样力学参数变化趋势

（a）不同数量孔洞试样 m 和 b 值变化；（b）不同数量孔洞试样当量 C、φ 值变化

m 变化趋势图。由图可知，随着孔洞数量的增加，整体试样的单轴抗压强度 b、斜率 m 均呈现下降趋势。中心孔洞试样、3 个孔洞对角线布置试样、4 个孔洞对角线布置试样、5 个孔洞对角线布置试样的单轴抗压强度依次为 87.21465 MPa、81.68422 MPa、79.46787 MPa、76.29182 MPa；本组试样的拟合斜率分别为 3.91387、3.38484、3.28071、3.06205。

图 3. 35（b）为对角线方向布置不同数量孔洞试样的当量 C、φ 值变化趋势图。图 3. 35（b）表明，随着孔洞数量的增加，整体试样的当量 φ 值呈现逐步下降趋势。中心孔洞试样、3 个孔洞对角线布置试样、4 个孔洞对角线布置试样、5 个孔洞对角线布置试样当量内摩擦角依次为 36. 37°、32. 95°、32. 19°、30. 51°。但试样的当量内聚力 C 随试样上孔洞数量增多出现先增高后降低的无序变化。

对角线方向上孔洞不同数量时，试样与完整试样相比其理论强度损伤率如图 3. 36 所示，由图可知，试样随着对角线方向孔洞数量的增加，试样整体强度损伤率呈现不断上升的趋势。单轴抗压强度条件下随着对角线方向布置的孔洞数量由 1 个增加到 5 个，试样强度损伤率由 6. 45%增加至 18. 16%；围压为 4 MPa 条件下随着对角线方向布置的孔洞数量由 1 个增加到 5 个，试样强度损伤率由 9. 31%增加至 21. 94%；围压为 8 MPa 条件下随着对角线方向布置的孔洞数量由 1 个增加到 5 个，试样强度损伤率由 11. 30%增加至 24. 58%；围压为 12 MPa 条件下随着对角线方向布置的孔洞数量由 1 个增加到 5 个，试样强度损伤率由 12. 77%增加至 26. 52%；围压为 16 MPa 条件下随着对角线方向布置的孔洞数量由 1 个增加到 5 个，试样强度损伤率由 13. 90%增加至 28. 01%；围压为 20 MPa 条件下随着对角线方向布置的孔洞数量由 1 个增加到 5 个，试样强度损伤率由 14. 80%增加至 29. 19%。

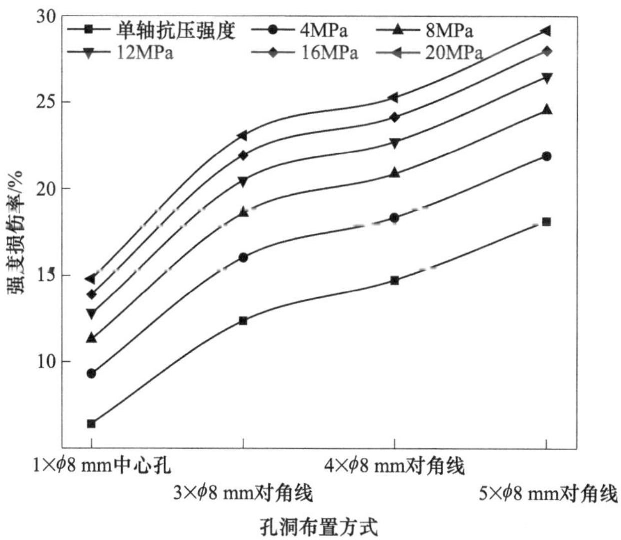

图 3. 36 对角线方向上不同数量孔洞试样强度损伤率曲线

图 3. 36 中显示随着围压的增大，同一试样的强度损伤率也不断增加。1 个中心孔试样，围压从 0 增大到 20 MPa 时，试样强度损伤率由 6. 4%增加至 14. 8%；

3 个孔洞对角线布置试样，围压从 0 增大到 20 MPa 时，试样强度损伤率由 12. 38%增加至 23. 09%；4 个孔洞对角线布置试样，围压从 0 增大到 20 MPa 时，试样强度损伤率由 14. 76%增加至 25. 31%；5 个孔洞对角线布置试样，围压从 0 增大到 20 MPa 时，试样强度损伤率由 18. 16%增加至 29. 19%。

3. 3. 3　不同数量横向孔洞岩石试样损伤弱化能量变化规律

前文对边界方向上、对角线方向上试样含钻孔数量不同时，岩石试样能量损伤弱化规律与力学性能损伤规律进行了系统研究，结果表明，随着对边界方向上、对角线方向上钻孔数量的增加，试样弹塑性最大可释放应变能损伤率 α、外力对试样所做总功的损伤率 β、峰值强度损伤率均呈不断增大趋势。本节进一步探究试样横向上钻孔数量不同条件下，岩石试样能量损伤弱化规律与力学性能损伤规律，为量化研究数量不同的孔洞岩石试样的能量损伤提供基础数据。

图 3. 37 为横向方向上不同数量孔洞试样模型示意图，岩石试样模型的正方形面布置如图 3. 37（a）所示的 1 个中心孔洞试样。在距离试样正中央水平方向

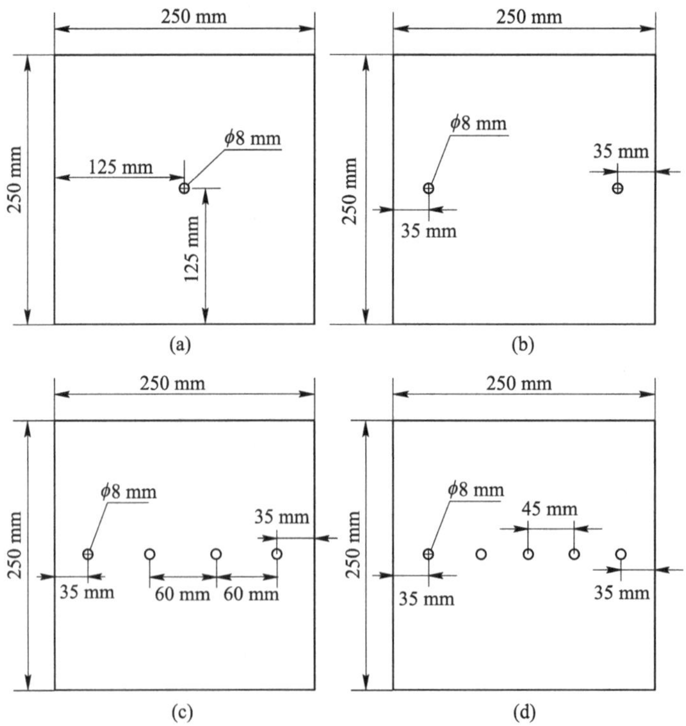

图 3. 37　不同数量横向孔洞试样模型示意图

（a）1 个中心孔洞试样；（b）2 个孔洞横向布置试样；
（c）4 个孔洞横向布置试样；（d）5 个孔洞横向布置试样

的对称轴左右各 90 mm 处分别增加左右 2 个孔洞，形成如图 3.37（b）所示的 2 个孔洞横向布置试样。保留 2 个孔洞横向布置试样，在距离试样正中央水平方向的对称轴左右各 30 mm 处分别增加左右 2 个孔洞形成如图 3.37（c）所示的 4 个孔洞横向布置试样。保留 2 个孔洞横向布置试样的孔洞，在距离试样正中央水平方向的对称轴左右各 45 mm 处分别增加左右 2 个孔洞，同时在试样中央增加 1 个孔洞，形成如图 3.37（d）所示的 5 个孔洞横向布置试样。

图 3.38（a）为在试样正方形面的水平对称轴方向上分别布置 1 个、2 个、4 个、5 个直径为 8 mm 的孔洞时，试样弹塑性模型最大可释放应变能 U_{et} 与弹塑性可释放应变能损伤率 α 变化曲线。数据显示，岩石试样横向孔洞数量分别为 1 个、2 个、4 个、5 个时试样的弹塑性模型最大可释放应变能分别为 24488 J、19522 J、17766 J、17699 J，弹塑性可释放应变能损伤率 α 分别为 20.24%、36.41%、42.14%、42.35%。

图 3.38（b）为在试样正方形面的水平对称轴方向上分别布置 1 个、2 个、4 个、5 个直径为 8 mm 的孔洞时，外力对试样所做的总功及其损伤率 β 的变化曲线。数据显示，试样水平对称轴方向上孔洞数量分别为 1 个、2 个、4 个、5 个时外力对试样所做的总功分别为 26878 J、25151 J、18238 J、18187 J，外力对试样所做总功的损伤率 β 分别为 16.67%、34.84%、36.53%、40.62%。

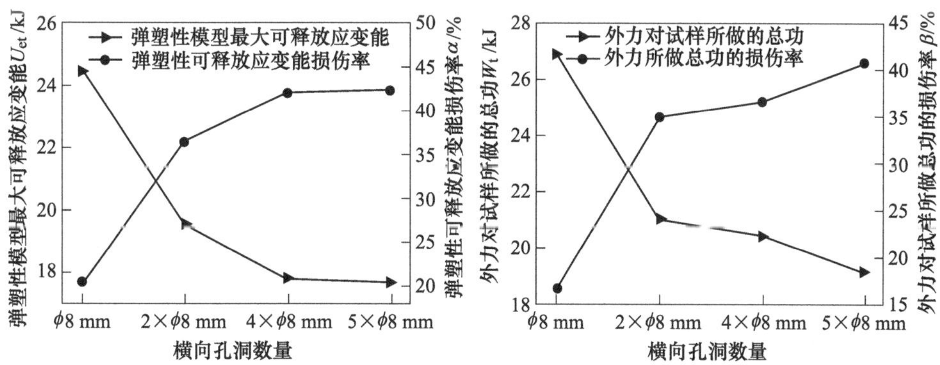

图 3.38　不同数量横向孔洞试样能量变化及损伤趋势

（a）弹塑性模型可释放应变能变化趋势；（b）接受外力所做总功的变化趋势

上述研究表明，不同数量的横向孔洞对岩石试样的弹塑性模型最大可释放应变能与接受外力所做的总功造成了显著的损伤。为继续探究水平方向上不同数量的孔洞对岩石试样的能量指标带来的力学性能损伤，对上述试样进行数值模拟。

数值模拟获得了上述试样的单轴抗压强度与围压 4 MPa、8 MPa、12 MPa、16 MPa、20 MPa 时对应峰值强度。分别以围压 σ_3 横坐标、对应的峰值强度 σ_1 为纵坐标进行线性回归分析。数值模拟与线性回归结果表明，试样的峰值强度 σ_1 与对应围压 σ_3 呈现出良好的线性相关性，对应试样的单轴抗压强度 b、斜率 m，以及 R^2 如图 3.39 所示。

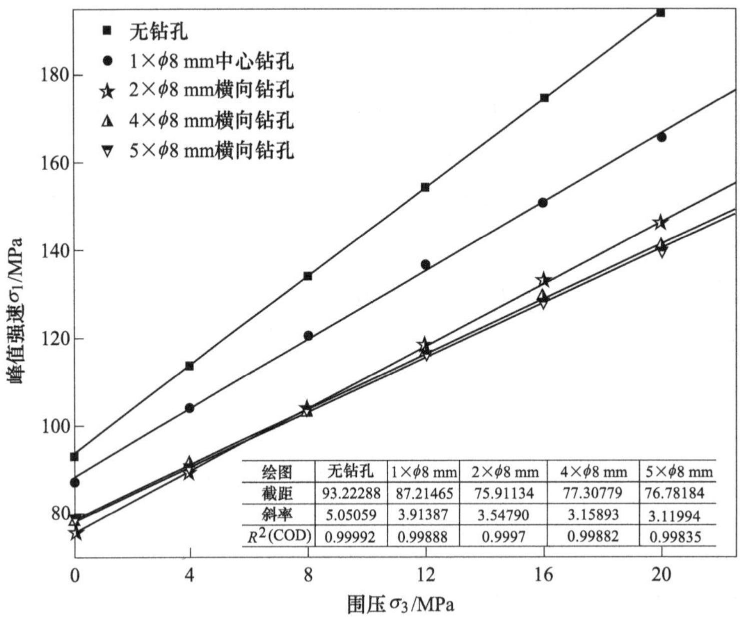

图 3.39　不同数量横向孔洞试样强度拟合情况

图 3.40（a）为不同数量孔洞横向布置时，试样的单轴抗压强度 b、斜率 m 变化趋势图。由图可知，随着孔洞数量的增加，整体试样的单轴抗压强度 b、斜率 m 均呈现下降趋势。中心孔洞试样、2 个孔洞横向布置试样、4 个孔洞横向布置试样、5 个孔洞横向布置试样的单轴抗压强度依次为 87.21465 MPa、75.91134 MPa、77.30779 MPa、76.78184 MPa；本组试样的拟合斜率分别为 3.91387、3.54790、3.15893、3.11994。根据式（2.3）和式（2.4）中的对应关系，可以求得对应试样的当量 C、φ 值。

图 3.40（b）为不同数量孔洞横向布置时，试样的当量 C、φ 值变化趋势图。由图可知，随着孔洞数量的增加，试样的当量 φ 值呈现逐步下降趋势。中心孔洞试样、2 个孔洞横向布置试样、4 个孔洞横向布置试样、5 个孔洞横向布置试样当量内摩擦角依次为 36.37°、34.07°、31.27°、30.97°。试样的当量内聚力 C 随

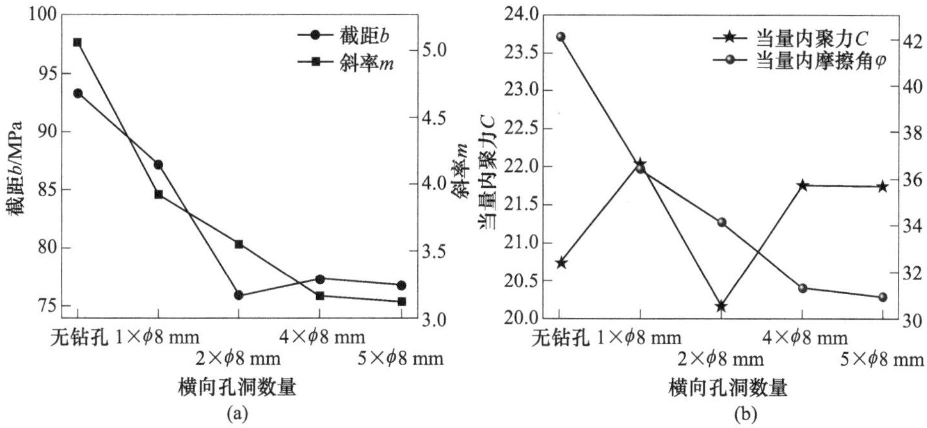

图 3.40 不同数量横向孔洞试样力学参数变化趋势

(a) 不同数量横向孔洞试样 m 和 b 值变化；(b) 不同数量横向孔洞试样当量 C、φ 值变化

试样上孔洞数量增多出现先降低后增高的无序变化。

不同数量孔洞横向布置时，试样与完整试样相比其理论损伤率如图 3.41 所示，结果显示随着孔洞数量的增加，试样强度损伤率呈现不断上升的趋势。单轴抗压强度条件下随着横向布置的孔洞数量由 1 个增加到 5 个，试样强度损伤率由 6.45%增加至 15.76%；围压为 4 MPa 条件下随着横向布置的孔洞数量由 1 个增加到 5 个，试样强度损伤率由 9.31%增加至 21.30%。围压为 8 MPa 条件下试样随着横向布置的孔洞数量由 1 个增加到 5 个，试样强度损伤率由 11.30%增加至 23.86%；围压为 12 MPa 条件下随着横向布置的孔洞数量由 1 个增加到 5 个，试样强度损伤率由 12.77%增加至 25.75%；围压为 16 MPa 条件下随着横向布置的孔洞数量由 1 个增加到 5 个，试样强度损伤率由 13.90%增加至 27.2%；围压为 20 MPa 条件下随着横向布置的孔洞数量由 1 个增加到 5 个，试样强度损伤率由 14.80%增加至 28.34%。

图 3.41 中显示随着围压的增大，同一试样的强度损伤率不断增加。1 个中心孔试样，围压从 0 增大到 20 MPa 时，试样强度损伤率由 6.45%增加至 14.80%；2 个孔洞横向布置试样，围压从 0 增大到 20 MPa 时，试样强度损伤率由 18.57%增加至 24.39%；4 个孔洞横向布置试样，围压从 0 增大到 20 MPa 时，试样强度损伤率由 17.07%增加至 27.67%；5 个孔洞横向布置试样，围压从 0 增大到 20 MPa 时，试样强度损伤率由 17.36%增加至 28.34%。

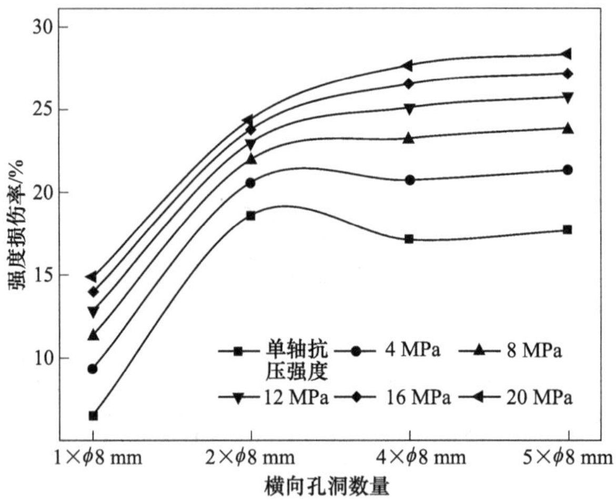

图 3.41　不同数量横向孔洞试样强度损伤率曲线

4 岩石试样损伤弱化规律的实验研究

前文给出了岩体单元释放能、耗散能与熵增能量化计算的方法，进而利用该计算方法，量化研究了不同直径、数量、布置方式条件下孔洞试样能量指标与力学参数的损伤弱化规律。本章进一步从实验室尺度，对不同位置、数量、孔径条件下的岩石试样进行加载实验，采用加载系统与声发射数据采集系统监测记录了实验数据。研究了有孔与无孔试样加载过程能量演化规律，有孔试样加载过程声发射事件分布规律，含不同直径不同数量孔洞红砂岩试样力学性能损伤规律，为含孔洞岩石试样损伤弱化的能量演化规律研究提供了基础实验数据支撑。

4.1 岩石试样加载过程声发射事件能量演化规律

岩石的破坏是能量损耗与能量释放的综合结果。为了研究孔洞对岩石试样声发射[198-199]能量分布形态所产生的影响，在同等实验条件下，分别对无孔试样与有孔试样进行加载。分析对比两种试样从加载至完全破坏过程中，声发射事件的能量分布与变化过程，从而揭示有孔试样与无孔试样声发射事件的能量演化规律。

4.1.1 红砂岩试样实验准备与加载过程

实验过程中仪器布置情况如图 4.1 所示，实验设备主要由轴力加载系统与声发射系统组成。实验获得了岩石试样加载过程中，加载系统以及声发射系统所监测并记录的所用数据。

为最大限度地增加声发射事件定位的精确度，本实验采用如图 4.2（a）所示的方式进行声发射探头（AE 探头）布置，每个 AE 探头中心到试样边界的最小距离均为 20 mm。因此，本次实验中两探头之间的最小距离相当于探头 1 与探头 3 之间的距离，其距离为 131.5 mm。以图 4.2（a）中标示位置为坐标原点，试样的长、宽、高分别以 x、y、z 方向建立坐标系，则本实验中 8 个 AE 探头的编号与坐标信息如图 4.2（b）所示。

4.1.2 红砂岩试样加载全过程应力和能量随时间的变化规律

实验得到了无孔试样与 ϕ15 mm 中心孔试样的应力时间曲线，如图 4.3 所

图 4.1　实验设备布置图

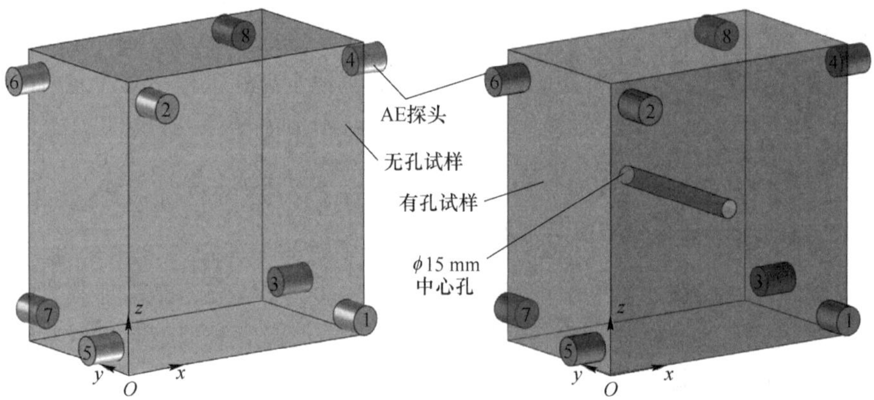

(a)

AE探头编号	x/mm	y/mm	z/mm	AE探头编号	x/mm	y/mm	z/mm
1	230	0	20	5	0	20	20
2	20	0	230	6	0	130	230
3	250	130	20	7	20	150	20
4	250	20	230	8	230	150	230

(b)

图 4.2　无孔试样与有孔试样 AE 探头布置示意图

（a）红砂岩无孔试样与有孔试样坐标原点及 AE 探头布置方式；（b）AE 探头编号与对应坐标位置

示。实验结果显示，ϕ15 mm 中心孔试样的强度低于无孔试样，其中无孔试样单轴抗压强度为 93.28 MPa，ϕ15 mm 中心孔试样的单轴抗压强度为 88.27 MPa。从曲线的形态来看，两试样的应力时间曲线符合典型脆性材料的特征。即压力机对试样施加等速位移加载开始至试样完全破坏。岩石试样的应力-时间曲线主要经历了压密阶段、线性阶段、应力跌落阶段。压密阶段应力-时间的曲线呈上凹形状，此阶段曲线的切线位于曲线的下方。线性阶段，随时间的增加，应力呈现线性增加。实验最后，岩石试样出现突然的破坏，应力出现一个明显的跌落，此时线性阶段结束，曲线进入应力跌落阶段。为方便对比分析，定义应力-时间曲线从压密阶段进入线性阶段的拐点为第一拐点，定义试样最终破坏时应力跌落点为应力-时间曲线的第二拐点。结果表明无孔试样的第一拐点发生在第 661 s，第二拐点发生在第 1402 s。有孔试样的第一拐点发生在第 1171 s，第二拐点发生在第 1825 s。无孔试样与 ϕ15 mm 中心孔试样的应力时间曲线的第一拐点与第二拐点在图 4.3 中分别用“菱形”与“圆形”标示。

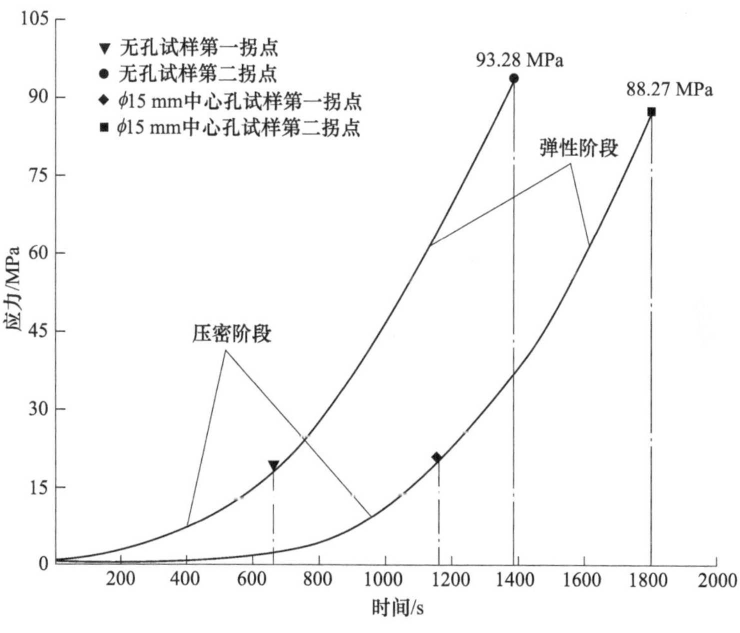

图 4.3 无孔试样与有孔试样应力-时间曲线

4.1.3 红砂岩试样两个拐点发生前声发射事件位置与能量分布规律

图 4.4 为实验加载全过程声发射事件的能量时间曲线，由图可知，有孔试样在整个加载过程累计发生声发射事件的总能量更大，其中有孔试样的声发射事件的累计能量为 282272 mV · ms，无孔试样的声发射事件的累计能量为 198710 mV · ms，

因此，孔洞的存在造成加载过程声发射事件的累计能量大幅增加。同时，有孔试样加载破坏过程的大能量声发射数量相对较多，实验中声发射事件能量量值统计数据显示，有孔试样能量量值大于 100 mV · ms 的声发射事件数量为 212 个，而无孔试样的数量为 149 个。

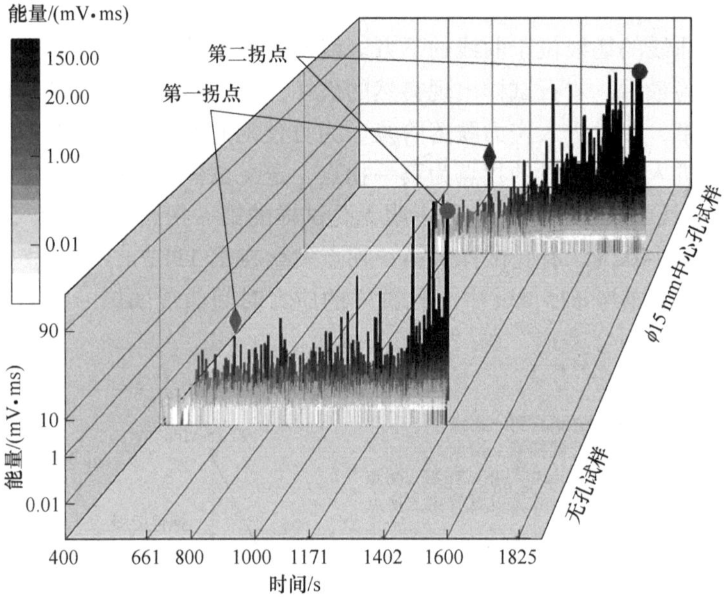

图 4.4　实验过程无孔试样与有孔试样声发射能量时间曲线

无孔试样与有孔试样第一拐点之前，压密阶段声发射事件的能量值比较小，且此阶段发生的声发射事件数量也比较少。第一拐点时，试样加载进入线性阶段，此时发生的声发射事件能量出现一个峰值，其能量量值比压密阶段发生的任何事件的能量值都大。第一拐点之后，试样加载发生了大量的声发射事件，且声发射事件的能量值普遍较高。第二拐点来临前集中出现了非常多的大能量声发射事件，造成试样整体发生了突然的破坏。

分析试样第一拐点与第二拐点出现时声发射事件的空间分布形态，图 4. 5 中显示了无孔试样与有孔试样 2 个拐点发生前 6 s 内，声发射事件位置与能量分布情况。图中彩球的球心位置为声发射事件定位点的坐标位置，球的大小代表声发射事件所对应的能量的大小。

图 4. 5（a）为无孔试样第一拐点前 6 s 声发射事件分布形态，结果显示无孔试样在第一拐点前声发射事件定位点主要分散在试样的边界上，大能量事件大部分发生在试样上下表面附近。说明无孔试样第一拐点发生时，试样的微裂纹主要发生在试样的上下表面附近。

图 4. 5（b）为有孔试样第一拐点前 6 s 声发射事件分布形态，从声发射事件

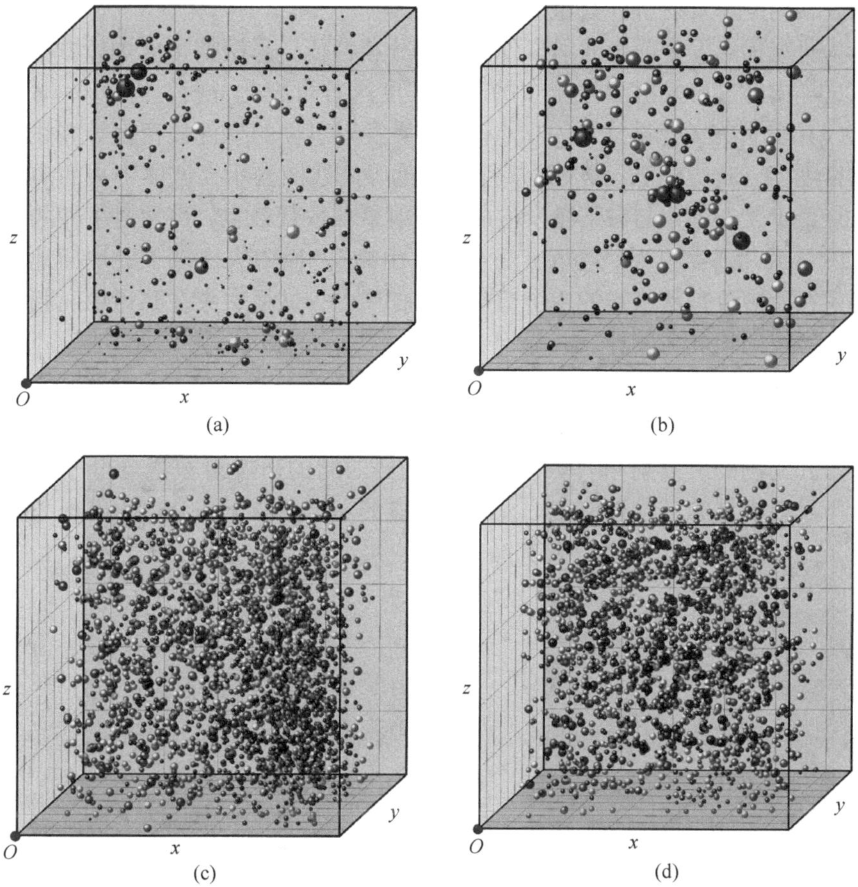

图 4.5　无孔试样与有孔试样 2 个拐点发生前 6 s 内声发射事件位置与能量分布情况

（a）无孔试样第一拐点前 6 s 声发射事件分布形态；（b）有孔试样第一拐点前 6 s 声发射事件分布形态；（c）无孔试样第二拐点前 6 s 声发射事件分布形态；（d）有孔试样第二拐点前 6 s 声发射事件分布形态

的定位点分布特点来看，声发射事件集中发生在试样中心孔洞周围。从声发射事件能量大小分布特点来看，大能量声发射事件主要集中地发生在中心孔洞周围，因此说明有孔试样第一拐点发生时，试样的微裂纹主要从试样的中心孔洞周围进行孕育与扩展。

图 4.5（c）为无孔试样第二拐点前 6 s 声发射事件分布形态，与第一拐点相比，第二拐点发生的声发射事件的数量显著增加，同时声发射事件的能量值也大幅提升。从分布形态上看，大量的声发射事件集中发生在试样的右下角。

图 4.5（d）为有孔试样第二拐点前 6 s 声发射事件分布形态，与第一拐点相比，同样的时间段内第二拐点附近发生的声发射事件的数量显著增加，同时声发射事件的能量也有大幅提升。从分布形态上看，声发射事件总体分布比较均匀，

但中心孔周围声发射事件数量更加密集。

为研究拐点发生前声发射事件的空间分布特征，采用核密度估计方法，对发生在试样内部的声发射事件分布的疏密程度进行可视化分析。图 4.6（a）和图 4.6（c）分别为无孔试样第一拐点前 6 s 声发射事件的事件核密度等高线图和三维核密度图（*xz* 方向），声发射事件核密度等高线图显示，试样中央的声发射事件数量最少，左上角与右下角发生的声发射事件数量最多。声发射事件的三维核密度图显示，试样的 4 个边角出现 4 座"山峰"，而中央出现了一块凹地，表明试样的初始裂纹是从试样的 4 个边角开始扩展的，试样中央在到达第一拐点时没有发生裂纹的扩展与发育。

图 4.6（b）和图 4.6（d）分别为有孔试样第一拐点前 6 s 声发射事件的核密度等高线图和三维核密度图（*xz* 方向），声发射事件核密度等高线图显示，试样中心孔周围的声发射事件数量最多，试样四周的声发射数量均低于中心孔周围。声发射事件的三维核密度图显示，试样的左上与右下 2 个边角出现 2 座"山

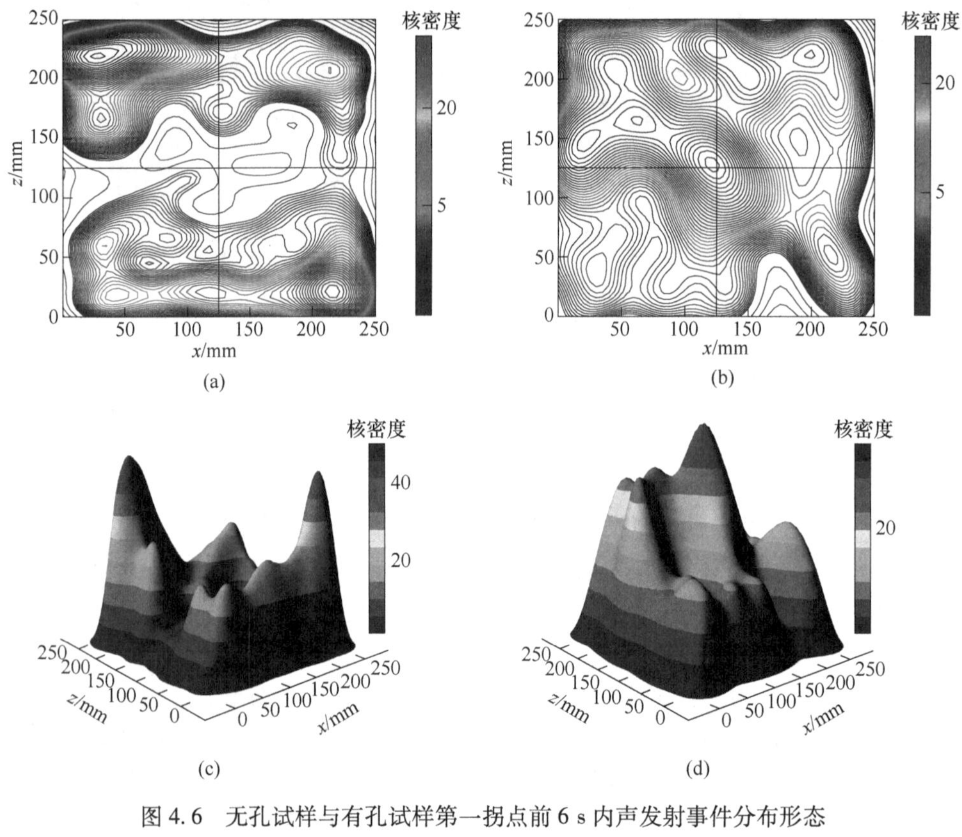

图 4.6　无孔试样与有孔试样第一拐点前 6 s 内声发射事件分布形态

（a）无孔试样声发射事件核密度等高线分布；（b）有孔试样声发射事件核密度等高线分布；（c）无孔试样声发射事件核密度三维分布图；（d）有孔试样声发射事件核密度三维分布图

峰”，试样的中央出现了“主峰”，表明试样的初始裂纹是从试样的孔洞周围开始扩展的，试样四周在到达第一拐点时没有发生破坏。

图4.7（a）和图4.7（c）分别为无孔试样第二拐点前6 s声发射事件的核密度等高线图和三维核密度图（*xz*方向）。由图可知，声发射事件集中发生在试样的右下角部位，无孔试样的中心发生的声发射事件数量比较少。声发射事件的三维核密度图显示，无孔试样的4个边角上均出现了4座“山峰”，而“主峰”发生在试样的左下角部位。中央出现了一块凹地，表明试样在最终破坏时，无孔试样的裂隙扩展主要沿着左下角集中扩展最终推动了试样的整体破坏。

图4.7（b）和图4.7（d）分别为有孔试样第二拐点前6 s声发射事件的核密度等高线图和三维核密度图（*xz*方向）。数据显示，有孔试样中心孔周围的声发射事件数量最多，有孔试样四周的声发射事数量均低于中心孔周围。声发射定位的三维核密度图显示，有孔试样的左上与右下2个边角出现4座“山峰”，“主峰”出现在试样的中央，表明有孔试样在最终破坏时，裂隙的扩展主要沿着中心孔进行扩展，最终推动了试样的整体破坏。

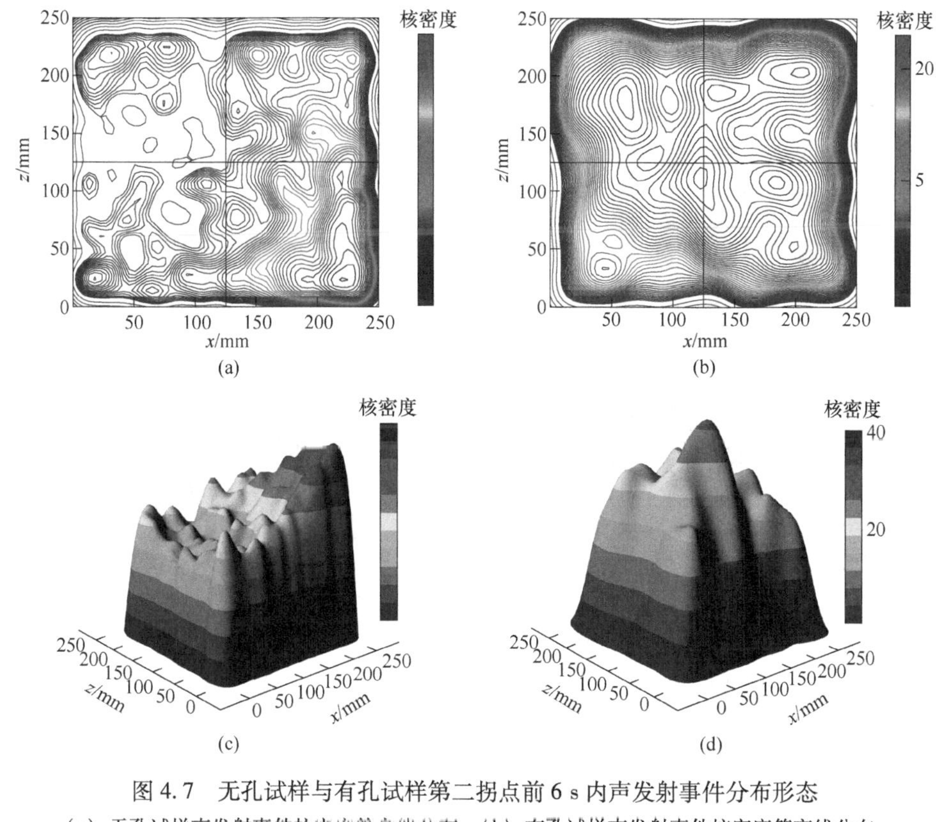

图4.7　无孔试样与有孔试样第二拐点前6 s内声发射事件分布形态

（a）无孔试样声发射事件核密度等高线分布；（b）有孔试样声发射事件核密度等高线分布；（c）无孔试样声发射事件核密度三维分布图；（d）有孔试样声发射事件核密度三维分布图

4.1.4　红砂岩试样第一拐点时的能量演化过程

为研究第一拐点发生前，声发射事件的能量分布及其演化规律。选取有孔试样与无孔试样拐点发生前6 s内的声发射事件，按每段时间2 s分为3段，针对发生在岩石试样内的声发射事件能量演化规律进行重点研究。有孔试样与无孔试样的第一拐点发生前，试样内能量演化规律如图4.8所示。其中图4.8（a）和

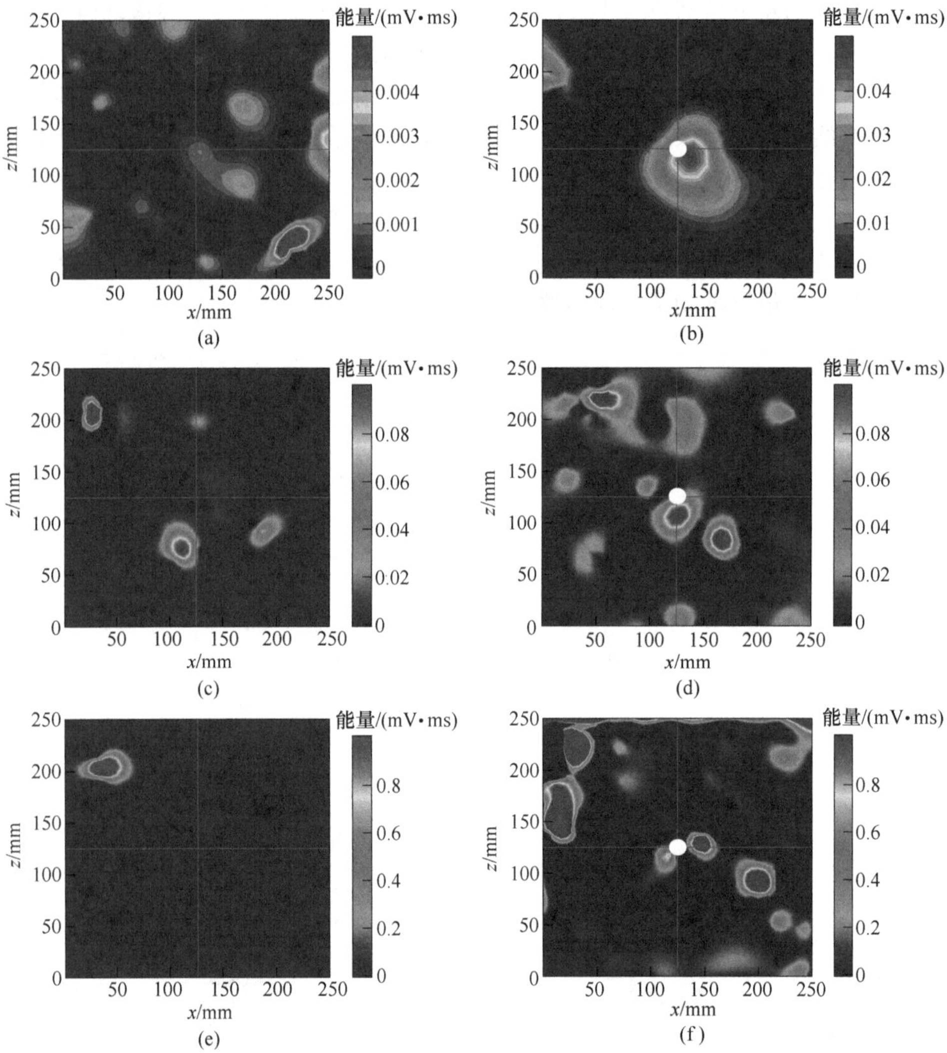

图4.8　无孔试样与有孔试样第一拐点前6 s声发射事件能量演化过程
（a）无孔试样第一拐点前6~4 s能量分布图；（b）有孔试样第一拐点前6~4 s能量分布图；
（c）无孔试样第一拐点前4~2 s能量分布图；（d）有孔试样第一拐点前4~2 s能量分布图；
（e）无孔试样第一拐点前2 s能量分布图；（f）有孔试样第一拐点前2 s能量分布图

图4.8（b）分别为无孔试样与有孔试样第一拐点发生前6~4 s声发射事件能量分布图。图4.8（a）显示无孔试样在第一拐点发生前6~4 s内，其大能量事件主要集中在试样的右下角部位。而有孔试样在第一拐点发生前6~4 s内，其大能量事件主要集中在试样中心孔洞附近。这说明该阶段无孔试样在右下角部位有微小的破坏，而有孔试样则在孔洞周围产生了微小的破坏。

图4.8（c）和图4.8（d）分别为无孔试样与有孔试样第一拐点发生前4~2 s声发射事件能量分布图。图4.8（c）显示无孔试样在第一拐点发生前4~2 s内，其大能量事件主要集中在试样的左上角与中部偏下部位，有孔试样在第一拐点发生前4~2 s内，其大能量事件主要集中在试样中心孔洞附近与左上角部位。这说明该阶段无孔试样在左上角与中部偏下部位产生了微小破坏，而有孔试样在孔洞周围仍然产生了微小的破坏。

图4.8（e）和图4.8（f）分别为无孔试样与有孔试样第一拐点发生前2 s声发射事件能量分布图。图4.8（e）显示无孔试样在第一拐点发生前2 s内，其大能量事件主要集中在试样的左上角部位。图4.8（f）显示有孔试样在第一拐点发生前2 s内，其大能量事件主要集中在试样中心孔洞附近与左上角及其上部部位。这说明该阶段无孔试样的左上角部位产生了微小的破坏，而有孔试样在孔洞周围仍然产生了微小的破坏。更为有趣的是有孔试样的上表面集中发生了大能量的声发射事件，这可能与有孔试样的上表面不够平整，造成上表面加载过程形成应力集中而导致加载初期就产生微小破坏。

4.1.5 红砂岩试样第二拐点时的能量演化过程

为研究岩石试样第二拐点发生前，声发射事件的能量分布及演化过程。选取有孔试样与无孔试样第二拐点发生前6 s的声发射事件，按每段时间2 s分为3段，针对发生在岩石试样内的声发射事件能量演化规律进行重点研究。试样的第二拐点发生前，试样内能量演化规律如图4.9所示。其中图4.9（a）和图4.9（b）分别为无孔试样与有孔试样第二拐点发生前6~4 s声发射事件能量分布图。图4.9（a）显示无孔试样在第二拐点发生前6~4 s内，其大能量事件主要集中在试样的上下表面附近。图4.9（b）显示有孔试样在第二拐点发生前6~4 s内，其大能量事件主要集中在试样孔洞中心附近及远离边缘的部位。这说明该阶段无孔试样上下表面附近产生了微小破坏，而有孔试样在孔洞周围产生了微小的破坏。

图4.9（c）和图4.9（d）分别为无孔试样与有孔试样第二拐点发生前4~2 s声发射事件能量分布图。图4.9（c）显示无孔试样在第二拐点发生前4~2 s内，其大能量事件主要集中在试样的左上角与试样下表面中部。图4.9（d）显示有孔试样在第二拐点发生前4~2 s内，其大能量事件主要集中在试样中心孔洞

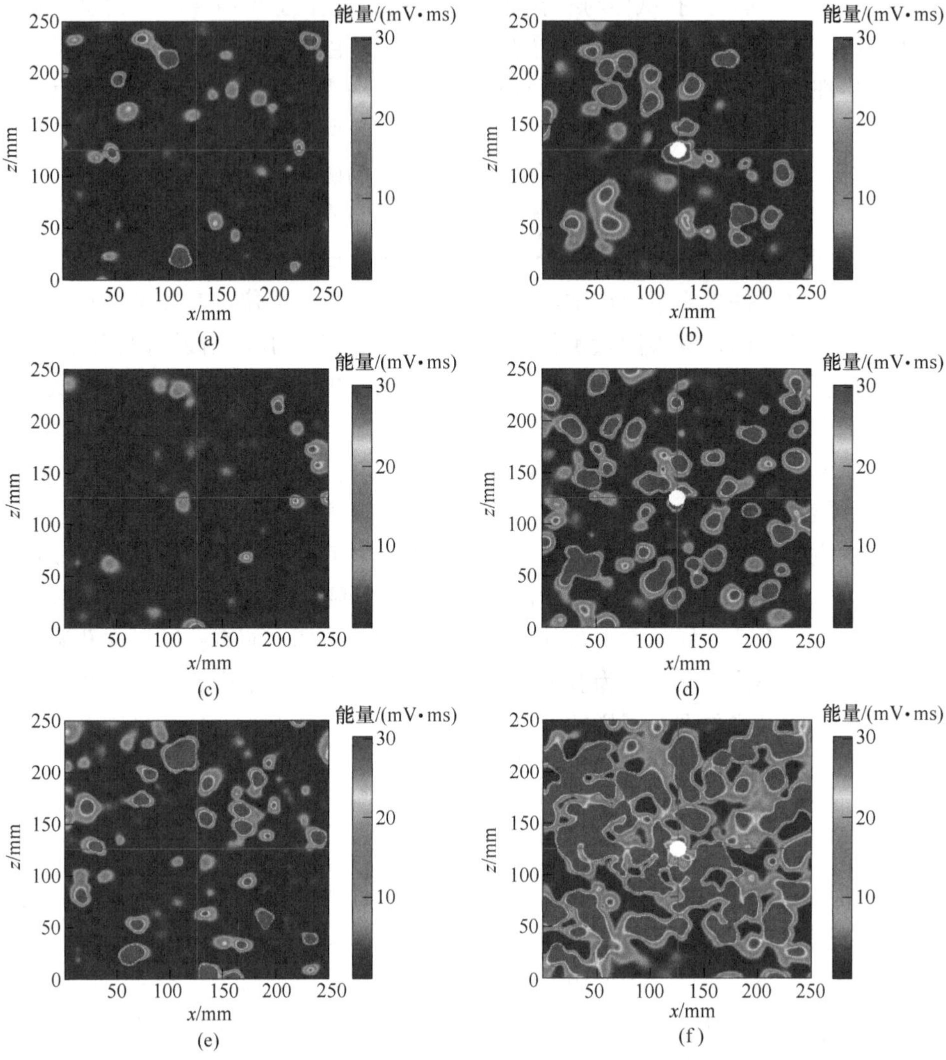

图 4.9　无孔试样与有孔试样完全破坏前 6 s 声发射事件能量演化过程

（a）无孔试样第二拐点前 6~4 s 能量分布图；（b）有孔试样第二拐点前 6~4 s 能量分布图；
（c）无孔试样第二拐点前 4~2 s 能量分布图；（d）有孔试样第二拐点前 4~2 s 能量分布图；
（e）无孔试样第二拐点前 2 s 能量分布图；（f）有孔试样第二拐点前 2 s 能量分布图

附近与试样对角线部位。这说明该阶段无孔试样左上角与下表面中部附近产生了微小破坏，而有孔试样在孔洞周围仍然产生了微小的破坏。

图 4.9（e）和图 4.9（f）分别为无孔试样与有孔试样第二拐点发生前 2 s 声发射事件能量分布图。图 4.9（e）显示无孔试样在第二拐点发生前 2 s 内，其大能量事件主要集中在试样的非中心位置。图 4.9（f）显示有孔试样在第二拐点发

生前 2 s 内，其大能量事件主要集中在中心孔洞附近与试样的对角线部位。这说明该阶段无孔试样在中心部位未产生微小破坏，而有孔试样在孔洞周围产生了大量微小的破坏，有孔试样最后破坏 2 s 内其声发射能量分布图出现了“蝶形”形态。

本实验结果表明，加载曲线出现拐点前，有孔试样的大能量声发射事件集中发生在孔洞周围，而无孔试样的大能量声发射事件则一直无序地发生在试样空间内，且有孔试样声发射事件的累计能量大幅高于无孔试样。

4.2 岩石试样声发射事件能量与空间分布特征

前文通过分析对比有孔试样与无孔试样，从加载至其完全破坏过程中声发射事件的能量分布与变化过程，获得了两种试样声发射事件的能量演化规律。本节从声发射事件的空间分布与分形特征[200-201]入手，研究了孔洞试样加载过程的声发射事件分布演化规律，揭示了含孔洞岩样不同加载阶段声发射事件分布变化规律。

4.2.1 实验准备与加载过程

本实验的主要目的是得到含孔洞岩样受载过程中声发射事件空间分布特征及演化规律，因此岩石试样应尽量选用单轴抗压强度较高的介质，并延长加载时间，为更加细化地针对研究指标进行重点研究创造条件。在具体试样选择时，采用了单轴抗压强度在 70 MPa 左右的粉砂岩试样，该试样取自我国某矿区，测试结果显示该区域岩石具有一定的冲击倾向性。为最大限度地保持原有岩石试样的完整性，同时为了尽量减少试样在截取过程中的人为表面损伤，试样采用水刀切割工艺，首先从大块粉砂岩内部截取 201 mm×201 mm×201 mm 的立方体，然后采用高精度钻床在其中一个平面（xz 平面）正中央钻取 ϕ20 mm 的通孔（孔洞的半径为 10 mm，孔洞边界至试样表面的距离为 90 mm，为半径的 9 倍，完全满足边界条件），最后，为了保证试样的尺寸精度及表面光滑度，实验前对试样进行抛光处理，最终打磨为 200 mm×200 mm×200 mm 的立方体，整个试样采制过程中，所有尺寸误差均小于 0.05 mm。

本实验系统主要由轴向加载系统与声发射数据采集系统两部分组成，系统示意图和现场设备实物如图 4.10 所示。其中，轴向加载系统由 YAW-5000 微机控制电液伺服压力机，万能试验机控制器和 Power Test V3.3 控制系统组成。轴向加载系统可以实现等速应力控制及等速位移控制，最大负载能力为 5000 kN，等速应力控制范围为 1~10 kN/mm，精度为±1%。声发射数据采集系统用于采集岩石试样在受载过程中的声发射信号。该系统由 DS5-16B 声发射仪、40 dB 固定增益放大器、RS-2A 声发射传感器、数据采集工程计算机组成。该系统最大支持 16 个高速通道同时实时获取声发射数据，AE 探头采集到的信号经前置放大器放大后传送至 16 位 A/D 转换模块。然后将数字信号参数和数据存储在缓冲区中，最后传递给计算机进行进一步处理和显示。粉砂岩试样声发射探头布置方式如图 4.11 所示，本次实验采用 8 个传感器同步采集信号，为保证声发射传感器的信号接收效果，采用黏结剂将 8 个 AE 探头牢固地黏结到岩石试样上，AE 探头布置方式按照尽量分散且靠近边缘的原则，各探头与试样表面的最小距离均为 20 mm。

图 4.10 实验设备的总体布置情况

本实验中 AE 探头的坐标位置见表 4.1，探头型号为 RS-2A，其峰值频率为 150 kHz，可接收 60~400 kHz 频率范围内的声发射信号。为了提高实验采集数据的准确性，采样频率设置为 6 MHz。

表 4.1 AE 探头编号与对应坐标位置

AE 探头编号	x/mm	y/mm	z/mm	AE 探头编号	x/mm	y/mm	z/mm
1	180	0	20	5	200	180	20
2	20	0	180	6	200	20	180
3	0	20	20	7	20	200	20
4	0	180	180	8	180	200	180

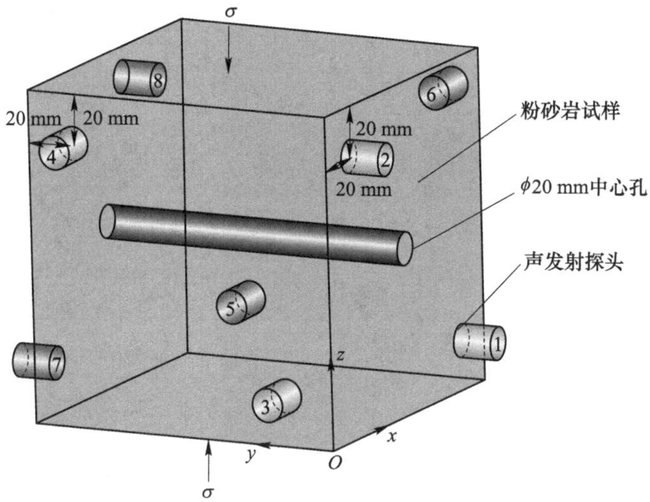

图 4.11　粉砂岩试样声发射探头布置示意图

本实验所处室内环境相对安静，根据一般情况下不同门槛设置与适用范围规定，本实验系统门槛值设置为 40 dB。压力机的轴向载荷通过位移控制模式以 0.2 mm/min 的加载速率进行加载，在压力机开始加载之前，启动声发射数据采集系统的数据采集工作，在压力机开始加载的同时，按下声发射主机上的“TRIGGER”按钮触发声发射系统开始记录声发射数据，从而保证轴向加载系统与声发射数据采集系统在同一时刻开始运行，这意味着声发射数据采集系统与轴向加载系统可纳入同一时间坐标系中。

实验开始前，首先对试样进行纵波波速检测，纵波波速检测实验采用 RSW-SY5(T) 非金属声波检测仪，如图 4.12 所示。该检测仪具有一个发射探头和一个声波接收探头（探头直径为 40 mm），声时准确度为 0.5%，接收灵敏度为 10 μV。波速检测前，设置检测仪两探头之间的距离为 200 mm，在与中心孔平行的 4 个岩石表面标记 40 mm×40 mm 的正方形格子。同时为提高信号接收及检测精度，分别在声波发射探头和声波接收探头上涂抹耦合剂，保证探头与试样之间完全耦合。将声波发射探头与声波接收探头分别居中放置在对应的 40 mm×40 mm 正方形方格内，依次检测 xy 平面，yz 平面内对应的纵波声波速度。结果显示，试样的波速变化范围较小，检测得到的最大波速为 2081 m/s，最小波速为 1950 m/s，波速波动范围小于 5%。因此，本次实验声发射事件定位时按照平均波速 1985 m/s 进行计算。

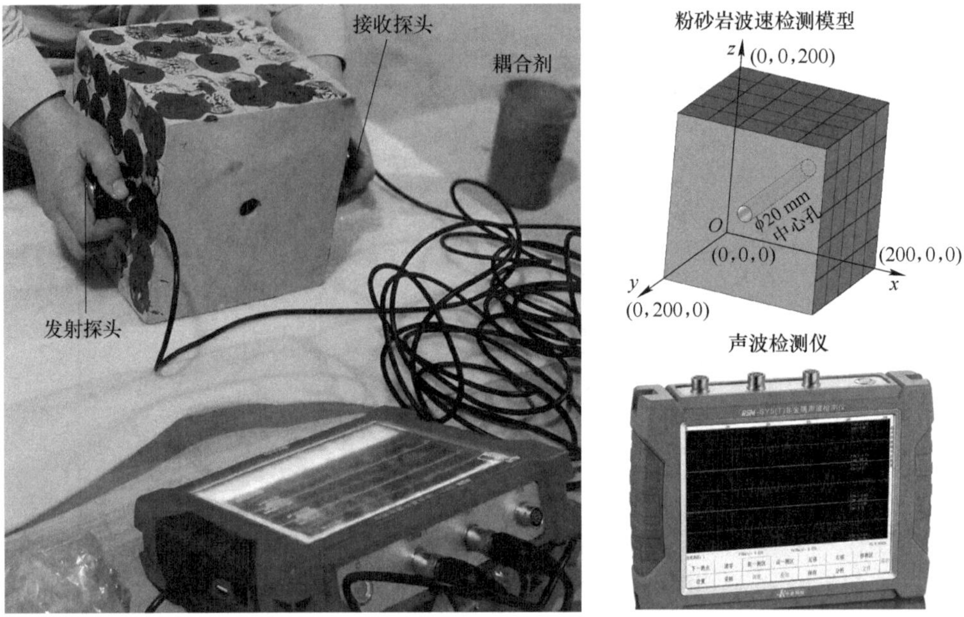

图 4.12　纵波波速检测

4.2.2　粉砂岩实验结果分析

实验得到了加载过程中压力机与声发射数据，加载曲线显示试样在第 1995 s 出现了崩塌式破坏，这与岩石本身具备冲击倾向性相吻合。图 4.13 为实验加载过程中声发射能量变化趋势及能量集中区，结果表明试样的单轴抗压强度为 69.67 MPa，从曲线形态看，试样线性阶段结束直接出现了应力跌落，与粉砂岩

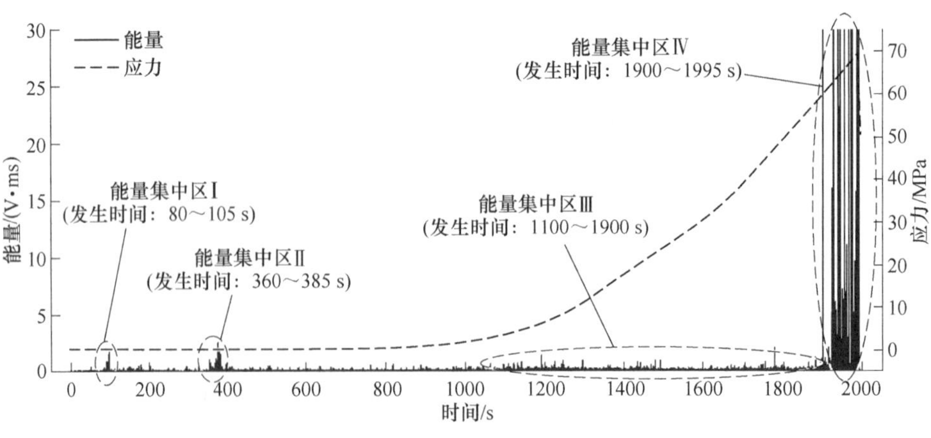

图 4.13　实验加载过程中声发射能量变化趋势及能量集中区

冲击倾向性特征相符。从能量的分布结果来看，主要产生了 4 个能量区（Ⅰ、Ⅱ、Ⅲ、Ⅳ），能量区Ⅰ产生时间为 80～105 s，持续时间为 25 s，最大能量值约为 2 V · ms。能量区Ⅱ产生时间为 360～385 s，持续时间也为 25 s，但最大能量增大至 4 V · ms。能量区Ⅰ和Ⅱ产生时间较早，此时加载应力较小，推测能量释放是孔洞周边的岩石破坏导致的。能量Ⅲ产生时间为 1100～1900 s，持续时间为 800 s，此时试样进入了线性变形阶段，虽然加载外力在不断地增大，但能量释放均匀，且并未出现增大现象，量值与能量区Ⅰ相当。能量区Ⅳ产生时间为 1900～1995 s，持续时间为 95 s，该区域最大能量值显著增大，最终导致了试样的大范围破坏。

本实验成功与否，很大程度上依赖于声发射事件的精确定位。在保证实验硬件与参数尽量满足精确定位条件的基础之上，还要尽可能地分析原始波形形态，确定合理可行的定位算法，而不是仅仅依赖于声发射仪器自带软件的自动定位。经查看原始波形，发现每个阶段的波形特点是完全不相同的，需要进行分类分析与研究。加载初期的示例波形如图 4.14（a）所示，数据显示，初期声发射事件的振幅普遍较小，但每个通道波形的起跳点[202]都是清晰的，而且从初步判定结果看，各个通道之间的到时差相对较小，表明该事件的发生位置与 8 个传感器的距离相当，事件发生在中部孔洞附近，这与孔洞周边的应力集中现象是吻合的。

图 4.14（b）显示了发生在线性阶段的声发射事件波形，结果表明该事件的振幅较初期出现了一定程度的增大。对于不同通道而言，1 号传感器的振幅最大，且到时最早，说明该事件的发生位置距离 1 号传感器最近，另外，线性阶段的声发射事件波形显示起跳点清晰，到时差较早期加大。

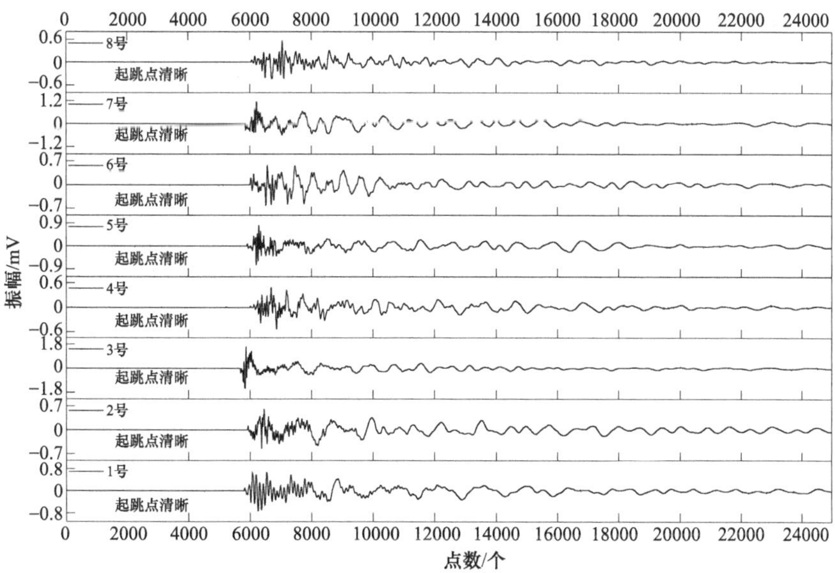

(a)

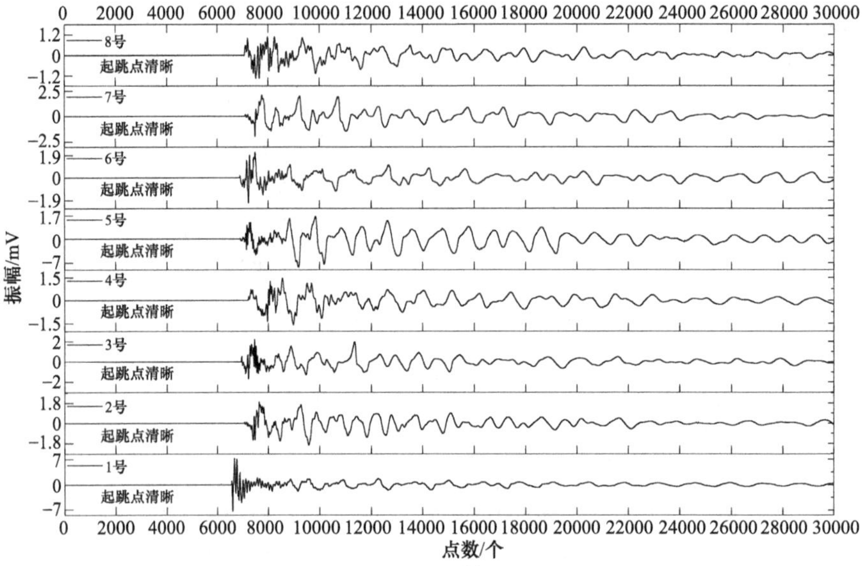

(b)

图 4.14　加载初期与线性阶段的示例波形

（a）加载初期的示例波形；（b）加载线性阶段的示例波形

图 4.15 显示了发生在加载临近破坏阶段的声发射事件波形，结果与加载初

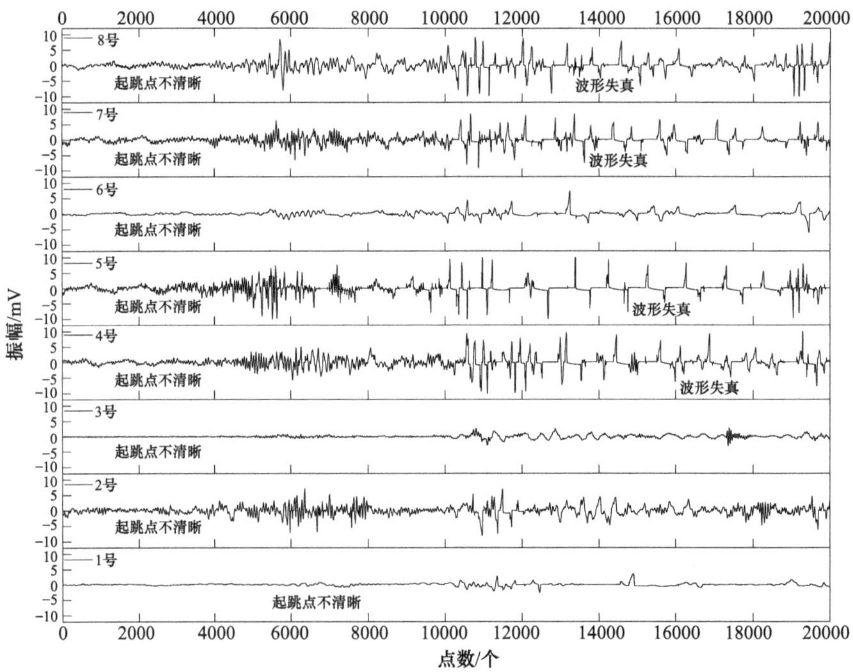

图 4.15　临近破坏阶段示例波形

期、线性阶段波形明显不同，该阶段的事件波形振幅明显加大，甚至出现了超出量程的情况，更与前期不同的是，声发射事件波形的起跳点很不明晰，且出现了失真现象。

压密阶段、线性阶段、临近破坏阶段的声发射事件波形表明，压密阶段、线性阶段事件的起跳点清晰，可以采用常用的算法进行事件定位，但临近破坏阶段的事件波形起跳点非常不明晰，无法利用到时差定位的方法得到事件发生坐标点，但可以采用诸如震源扫描算法等不依赖起跳点的算法进行定位。因此，本实验重点采用震源扫描算法进行事件定位，还叠加使用了通道优化组合和聚类分析算法。

为了研究有孔试样加载过程声发射事件分布规律，采用核密度估计方法对发生在试样内部的声发射事件分布的疏密程度进行可视化分析。根据震源扫描算法、通道优化组合和聚类分析算法的叠加使用，得到典型阶段的事件定位，临近破坏阶段的核密度估计等高线图和三维核密度图（xz 方向），如图 4.16 所示。

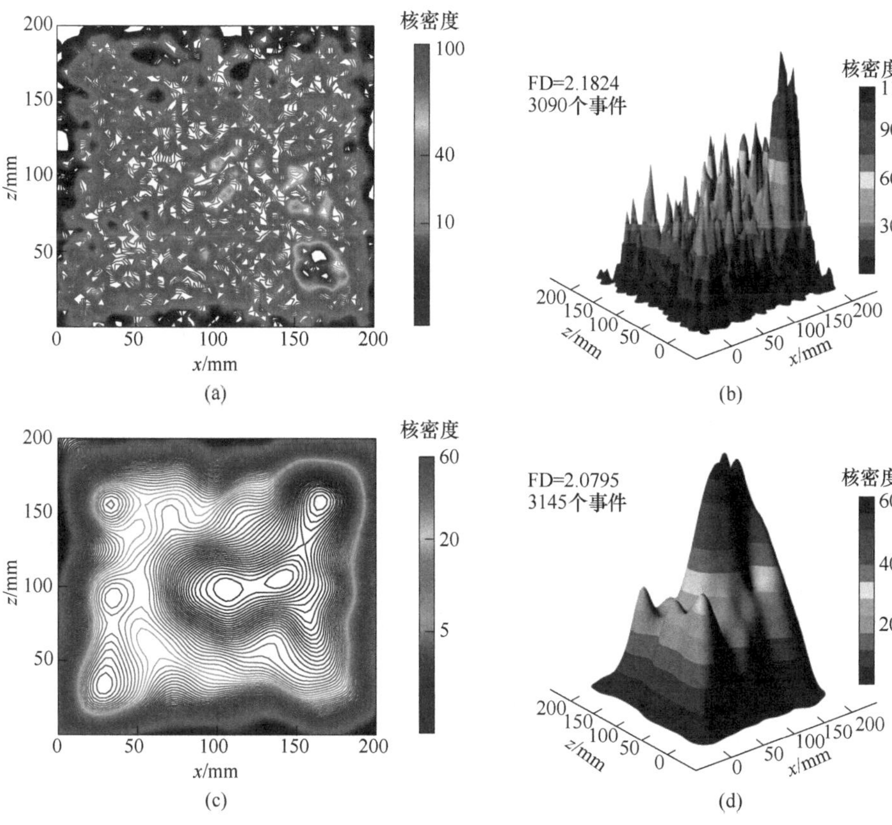

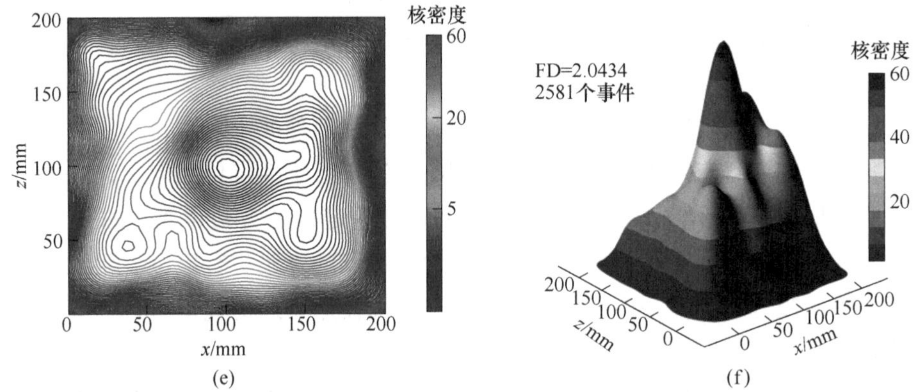

图 4.16　不同阶段声发射事件核密度等高线图与三维核密度图

(a) xz 平面 1977~1980 s 核密度等高线图；(b) xz 平面 1977~1980 s 三维核密度图；
(c) xz 平面 1986~1989 s 核密度等高线图；(d) xz 平面 1986~1989 s 三维核密度图；
(e) xz 平面 1992~1995 s 核密度等高线图；(f) xz 平面 1977~1980 s 三维核密度图

图 4.16（a）表明，1977~1980 s 的核密度平面图显示事件发生位置已经蔓延至试样的边界，而且在右下角出现了高密度区，从密度结果看，还出现了局部“簇拥”现象，即在一定小区域范围内，事件均围绕一个中心向外扩散。该种现象在图 4.16（b）中更加直观，每个山峰的尖点即代表该小区域中事件数量发生较多的地点。

图 4.16（c）和图 4.16（d）分别显示了 1986~1989 s 区间事件的核密度等高线图和三维核密度图（xz 方向），该时间段的事件分布结果与 1977~1980 s 时发生了一定的变化，表现为事件分布更加有序，且从分布形态看更加规整。更值得注意的是，三维核密度图表明“山峰”的数量明显减少（由 1977~1980 s 的几十个减少为六七个）。

图 4.16（e）和图 4.16（f）中 1992~1995 s 的核密度结果更为有趣，结果显示大范围破坏前核密度为“蝶形”形态，在 4 个对角方向发生了更多的事件，与以往蝶形破坏理论的研究结果一致，且相对于前两个核密度结果而言，破坏分布更加有序和一致，进而导致了试样的崩塌式破坏。三维核密度图的结果更加印证了该结论，“山峰”的数量进一步减少，而且中心区域的山峰更加突出和明显。上述三个典型阶段的事件核密度结果表明，不同区域的破坏是围绕某个中心展开的，当不同区域的事件分布更加一致时，可能是破坏的前兆信息。这与分形理论[203]的某些论点是一致的，因此计算了这三个阶段的分形维数[204]，结果分别为 2.1824、2.0795、2.0434，数据表明越临近最终破坏，三维核密度图的分形维数越低。同时还应该指出的是，临近破坏前核密度等高线的形态是蝶形而且是对称的，这也是破坏前的重要前兆。需要指出的是，核密度图中并未扣除中间孔

洞不会出现事件分布的情况，这与事件定位精度和核密度图的生产方法相关，但并不影响重要规律的体现。

4.2.3 粉砂岩试样声发射事件空间分布形态与演化规律

试样在加载过程中声发射振幅波动可以反映声发射事件的活跃性，图 4.17 为加载过程中 8 个传感器的声发射波形。根据振幅的波动情况，可以找出声发射事件比较活跃的 A、B、C、D 4 个区域（图中标记区域），它们分别发生在 70~100 s、370~400 s、1100~1900 s、1900~1995 s。其中，加载压密阶段声发射事件活跃区 A，在第 99 s 附近 8 个通道振幅都产生了较大振幅，意味着最大能量的声发射事件距离 8 个声发射传感器距离相近，因此，可以断定该阶段最大能量声发射事件大多发生在试样中心孔周围，同时此阶段的声发射事件起跳点较为清晰。压密阶段声发射事件活跃区 B，从波形可以看出 8 个传感器在 370~385 s 内具有相近的波形波动，其中 1 号与 6 号传感器的振幅相对最大，因此可以初步判定较大能量声发射事件发生在与 1 号和 6 号传感器相近的地点。实验加载线性阶段声发射事件活跃区为 C 区域，观察 8 个通道的波形可以看出，线性阶段声发射振幅波动大的通道呈现出无序性和随机性，说明试样在线性阶段声发射事件随机地发生于试样的各个区域。此阶段的声发射振幅也较压密阶段有大幅提升，说明该阶段声发射事件的能量较加载压密阶段出现上升趋势，同时此阶段的声发射事件起跳点较为清晰。试样加载临近破坏的声发射事件集中发生区为 D 区域，该区域的振幅有了大幅提高，部分事件的振幅达到了 23.1 V。2 号和 3 号传感器首先进入了大振幅阶段，在 1950 s 开始 8 个传感器同时进入了大振幅阶段，表明试样到了临近破坏的时刻，在孔周围产生大量能量较大的声发射事件，同时此阶段的

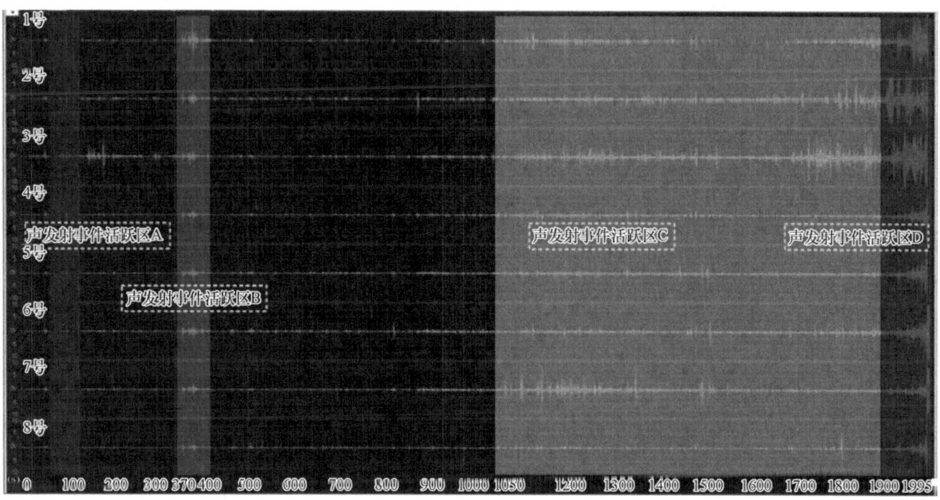

图 4.17 实验过程声发射事件活跃区

声发射事件起跳点不清晰，到时差定位方法在该阶段不适用。

本实验岩石试样加载过程经历了压密阶段（0～1100 s）、线性阶段（1100～1900 s），以及临近破坏阶段（1900～1995 s）。为了揭示带孔洞岩样受载过程中塑性区的形态及演化规律，在声发射事件活跃区 A、B、C 内随机地选取 5 s 研究其声发射事件的分布形态，用来对比分析各阶段孔洞岩石破坏的特点。

图 4.18 为声发射事件活跃区 A、B、C 内典型核密度等高线图与核密度图。图 4.18（a）显示加载初期第一次振幅大波动期间（98～103 s）产生了 184 个声发射事件，较多的声发射事件发生在孔洞周围，这与波形图中的推测相吻合。

图 4.18（b）显示 98～103 s 期间孔洞周围声发射事件核密度最大，其余声发射事件无序地分散于岩石试样，山峰之间几乎没有联系，山峰呈现出圆锥形态，高低无序地分布于试样的不同位置。

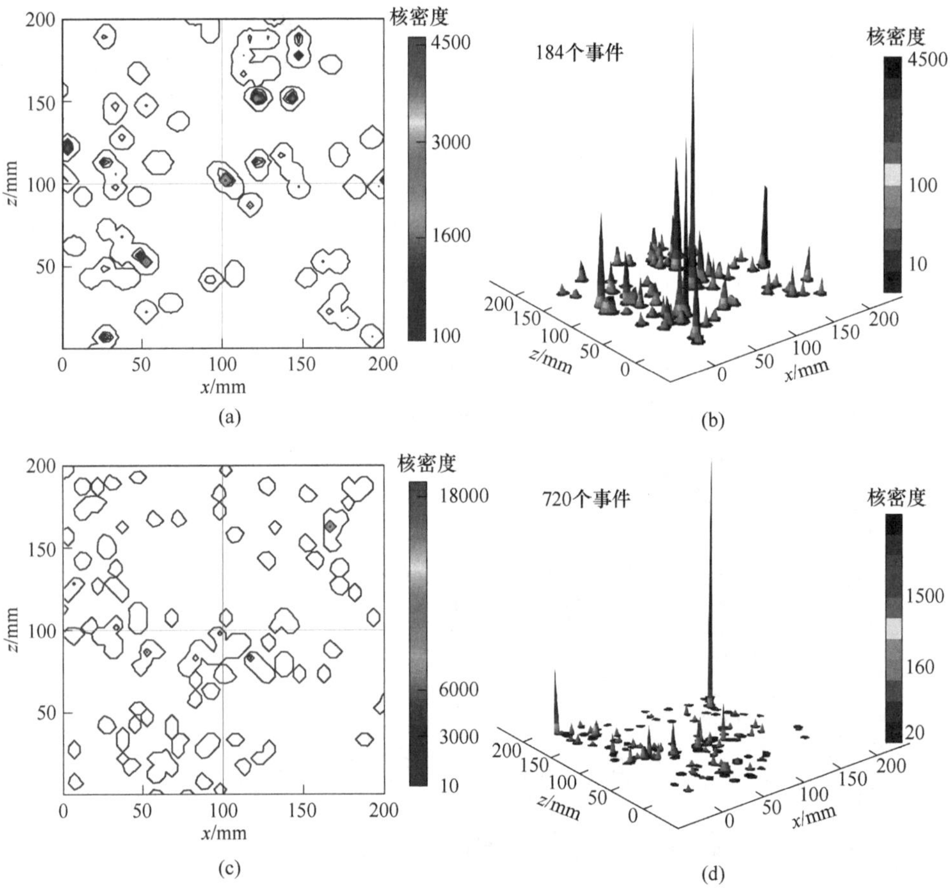

(a)　(b)　(c)　(d)

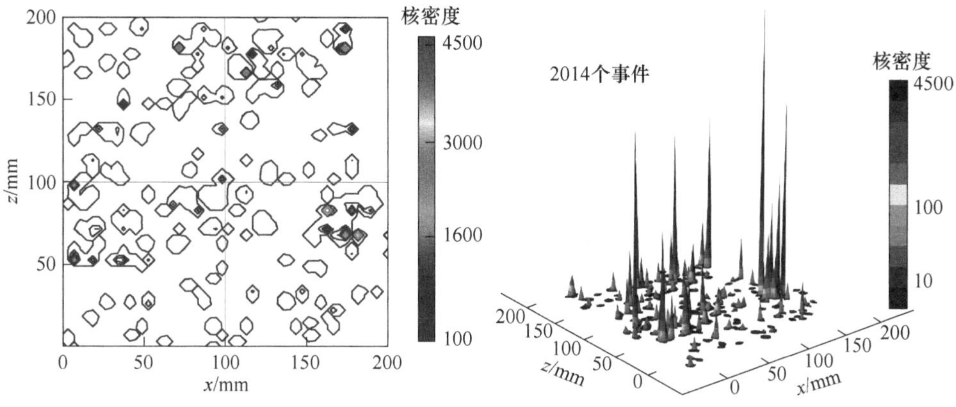

(e) (f)

图 4.18 声发射事件活跃区 A、B、C 内典型核密度等高线图与核密度图

(a) *xz* 平面 98~103 s 核密度等高线图；(b) *xz* 平面 98~103 s 三维核密度图；
(c) *xz* 平面 375~380 s 核密度等高线图；(d) *xz* 平面 375~380 s 三维核密度图；
(e) *xz* 平面 1243~1248 s 核密度等高线图；(f) *xz* 平面 1243~1248 s 三维核密度图

压密阶段第二次振幅大波动期间（375~380 s）产生了 720 个声发射事件，图 4.18（c）显示大量声发射事件发生在（$x=160$ mm，$z=160$ mm）附近，其余声发射事件随机无序地分布在岩石试样内部。图 4.18（d）显示该阶段声发射事件的分布呈现出向一点集中的现象，其余山峰的高度与最高山峰的高度差距较大，无序地分散于岩石试样内部不同位置，从形态上看，山峰呈现出圆锥形态，且山峰之间几乎没有联系。

线性阶段第一次振幅大波动期间（1243~1248 s）产生了 2014 个声发射事件，图 4.18（e）显示声发射事件仍然是单点突出地产生在试样空间内，最高核密度出现在（$x=160$ mm，$z=85$ mm），本阶段声发射事件核密度与压密阶段相比，出现的高核密度点较多，说明声发射活动开始活跃，但是仍然是无序随机地分布在试样的各个空间内。图 4.18（f）显示该阶段声发射事件的分布不再一家独大，最高核密度与其余高核密度区域的山峰高度差距减小，小山峰密集地出现在试样的各个空间内，但山峰的底盘较小，彼此较为孤立。

为了更直观地观察岩石试样在加载临近破坏阶段的声发射事件核密度分布情况，进一步揭示孔洞岩样受载过程中声发射事件空间分布形态及演化规律，将临近破坏前 30 s（1965~1995 s）按时间分为 6 段（每段 5 s），对发生在岩石试样 $80\leqslant y\leqslant 120$ mm 内岩石薄片的声发射事件核密度演化规律进行重点研究。

结果显示，随着加载的进行，相同时间段内声发射事件核密度分布曲面的分形维数呈现逐步降低的趋势。图 4.19（a）显示 1965~1970 s 期间试样正中央 40 mm 内声发射事件核密度有 4 个主峰，主峰后方有大面积的凸台，切片 4 个对

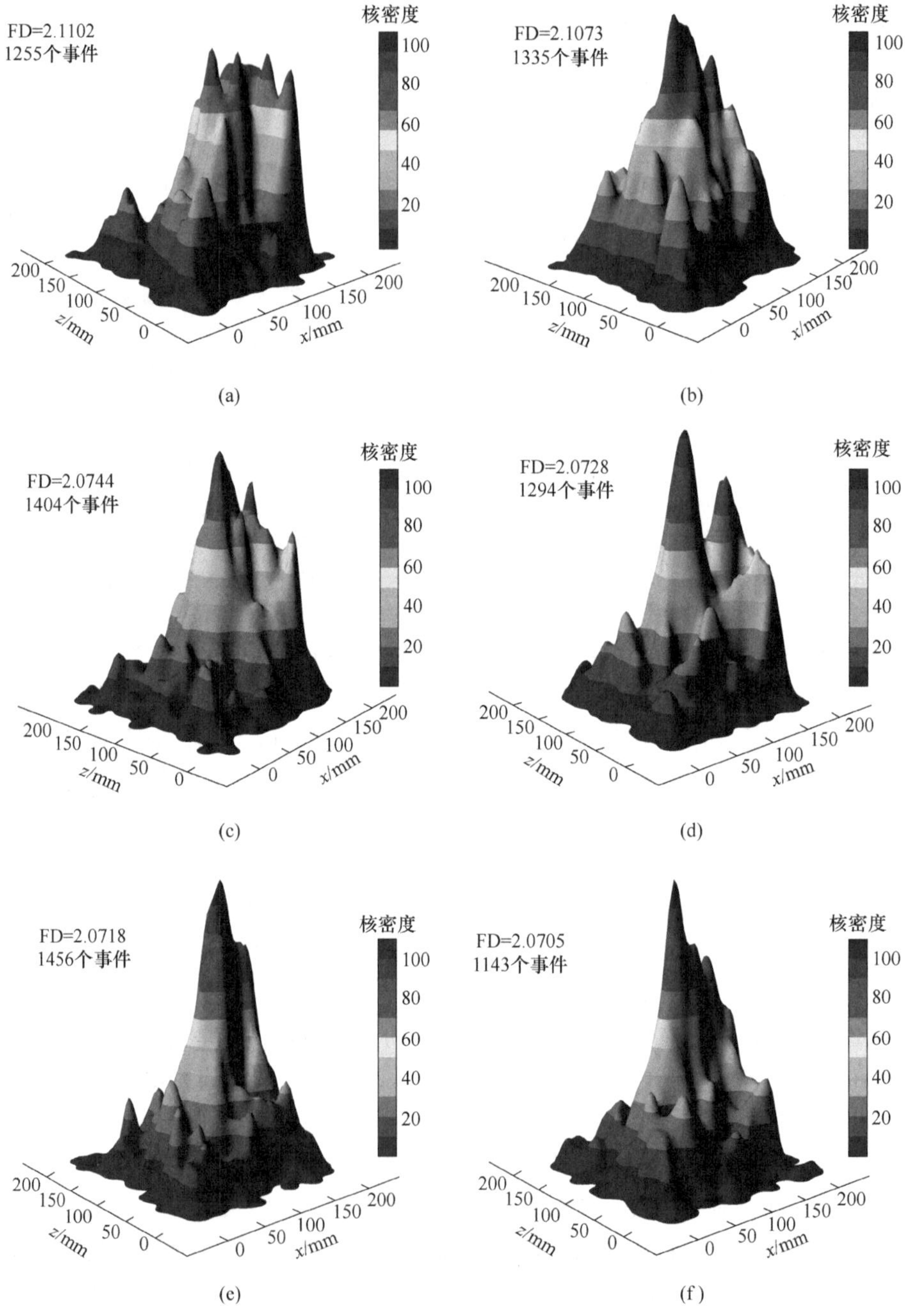

图 4.19　临近破坏 30 s 内 40 mm 切片中声发射事件核密度分布演化图

(a) 40 mm 切片内 1965~1970 s 三维核密度图；(b) 40 mm 切片内 1970~1975 s 三维核密度图；(c) 40 mm 切片内 1975~1980 s 三维核密度图；(d) 40 mm 切片内 1980~1985 s 三维核密度图；(e) 40 mm 切片内 1985~1990 s 三维核密度图；(f) 40 mm 切片内 1990~1995 s 三维核密度图

角都有孤立的高核密度山峰，通过分形维数计算程序计算得到该曲面的分形维数 FD=2.1102。图 4.19（b）显示 1970~1975 s 期间试样正中央 40 mm 内声发射事件核密度有 2 个主峰，中央主峰面积较大，与图 4.19（a）对比可知，1965~1970 s 期间中央 3 个主峰在该阶段合并成长为一个主峰。切片 4 个对角孤立的核密度山峰有向中心靠拢的趋势，通过分形维数计算程序计算得到该曲面的分形维数 FD=2.1073。

图 4.19（c）显示 1975~1980 s 期间在试样 y 方向正中央 40 mm 内声发射事件核密度有 1 个主峰，1 个次主峰，3 个副峰。与图 4.19（b）对比可知，中央主峰所占面积有所减小，1970~1975 s 内中央主峰与次主峰在该阶段衍生出 3 个副峰。切片 4 个对角孤立的核密度山峰有进一步向中心靠拢的趋势，通过分形维数计算程序计算得到该曲面的分形维数 FD=2.0744。

图 4.19（d）显示 1980~1985 s 期间在试样正中央 40 mm 内声发射事件核密度有 1 个主峰，1 个次主峰。与图 4.19（c）对比可知，中央主峰核密度进一步升高呈现出锥形，图 4.19（c）中衍生出的 3 个副峰均合并于中央主峰和次主峰中。切片 4 个对角孤立的核密度山峰有进一步向中心靠拢的趋势，通过分形维数计算程序计算得到该曲面的分形维数 FD=2.0728。

图 4.19（e）显示 1985~1990 s 期间在试样正中央 40 mm 内声发射事件核密度有 1 个主峰，2 个副峰。与图 4.19（d）对比可知，中央主峰核密度进一步升高，图 4.19（d）中次主峰归于主峰中，同时衍生出 2 个副峰。切片 4 个对角孤立的核密度山峰有进一步向中心靠拢的趋势，通过分形维数计算程序计算得到该曲面的分形维数 FD=2.0718。图 4.19（f）显示 1990~1995 s 期间在试样正中央 40 mm 内声发射事件核密度有 1 个主峰，1 个副峰。与图 4.19（e）对比可知，中央主峰核密度进一步升高，图 4.19（e）中 1 个副峰归于主峰中，另外 1 个副峰也向主峰靠近同时核密度减小。切片 4 个对角孤立的核密度山峰有进一步向中心靠拢的趋势，通过分形维数计算程序计算得到该曲面的分形维数 FD=2.0705。不同阶段的声发射核密度曲面分形维数结果显示，随着试样加载力的不断加大直至产生破坏的过程中，分形维数在不断降低，这与以往研究结果相同。

声发射定位点核密度切片越薄越能代表该切片内破坏的演化规律，因此将声发射事件在 $90 \leqslant y \leqslant 110$ mm 区间进行筛选，研究临近破坏前 30 s（1965~1995 s）按时间分为 3 段每段 10 s 的空间分布演化规律，结果如图 4.20 所示。结果显示，随着加载的进行，相同时间段内的声发射事件核密度曲面的分形维数呈现不断下降的趋势，同时核密度曲面也愈发简单，最后 10 s 的声发射事件核密度曲面呈现出单一锥形。1965~1975 s 内发生于 $90 \leqslant y \leqslant 110$ mm 空间内的声发射事件核密度曲面构造较为复杂，主峰有 2 个，副峰有 7 个，经计算得到该曲面的分形维数

FD=2.0960。1975~1985 s 内发生于 $90 \leq y \leq 110$ mm 空间内的声发射事件核密度曲面构造简单，主峰有 2 个，副峰有 2 个，说明 1965~1975 s 的另外 5 个副峰已经生长归于主峰，经计算得到该曲面的分形维数 FD=2.0535。1985~1995 s 内发生于 $90 \leq y \leq 110$ mm 空间内的声发射事件核密度曲面为单一锥形，说明 1975~1985 s 的另外 2 个副峰已经生长归于主峰，经计算得到该曲面的分形维数 FD=2.0361。

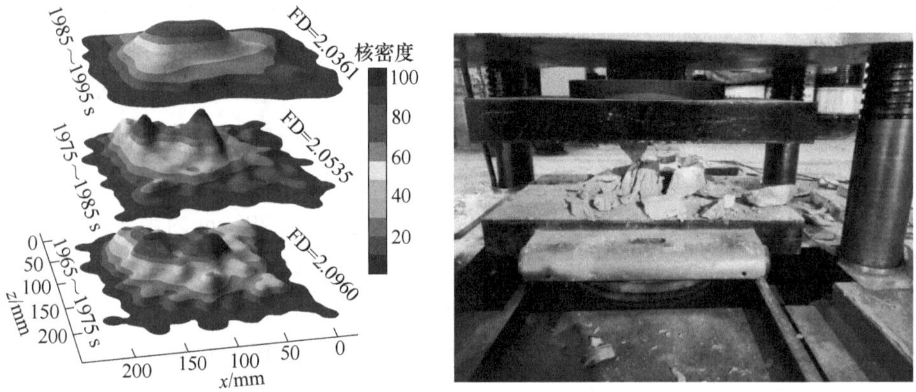

(a)　　　　(b)

图 4.20　临近破坏 30 s 内 20 mm 切片中声发射事件核密度分布演化图

（a）20 mm 切片内 1965~1995 s 三维核密度图；（b）中心孔洞粉砂岩试样加载破坏形态

分形几何[205]最大的特点就是自相似，本书为将声发射事件空间分布结果可视化，采用核密度方法来展现某时段发生在试样固定空间的声发射事件的疏密程度。通过对比实验过程中声发射事件活跃区 A、B、C、D 的声发射事件的三维核密度图发现，从试样加载开始至试样破坏，4 个区域的核密度图自相似程度极高，核密度曲线图的基础几何图形为锥形，在不同加载阶段，同一时间内发生的声发射事件的分布特征在形状上有很大差异。随着加载的进行，核密度曲面锥形底面所占的面积变得越来越大，三维核密度曲面的结构变得越来越简单。最后受到中心钻孔的影响，三维核密度曲面上的锥形快速成长并归于中央主峰。特别值得注意的是，在临近破坏阶段，核密度曲面呈现出单一锥形曲面结构，占满整个试样平面且表现出对称性，此时的核密度等高线表现出“蝶形”形态，且分形维数达到最低值。

实验表明，随着加载的进行或者应力水平的提高，孔周围的声发射事件的分布越来越密集，直至试样破坏前，出现距离孔洞越近声发射事件分布密度越高的现象。同时，研究发现临近破坏阶段内，随着加载的进行，相同时间段内声发射事件的三维核密度曲面的分形维数呈现不断下降的趋势。

4.3 不同孔洞布置条件下岩石试样强度损伤规律

从第3章的数值模拟研究发现，在相同的加载条件下，岩石试样的峰值强度会因试样中孔洞直径和数量的差异而呈现显著变化。本节在实验室尺度下，在同等实验条件下开展含有不同直径中心钻孔的岩石试样开展力学性能研究；同时，对含不同孔洞数量岩石试样进行同等条件下的加载实验研究，从而验证不同直径、数量孔洞对岩石试样产生的损伤弱化的规律。

地下工程中，为在完整岩体上开展工作，首先需要在岩体上施工一系列的钻孔。其中常见的有水压致裂钻孔、大直径卸压钻孔、超前探放水钻孔、瓦斯抽采钻孔以及锚杆（索）安装孔等。为在实验室尺度上研究孔洞的大小以及多少对岩石单抗强度产生的影响，选取地下工程中较为常见的红砂岩作为研究对象，为减少不同种类岩体对实验结果带来的离散性影响。首先在一完整的大块红砂岩岩块上（长×高×宽=3000 mm×600 mm×1000 mm）截取出若干小块尺寸相同的试样用于实验室加载实验。考虑受到实验室试验压力机5000 kN的最大载荷限制，基于保障实验数据可比性与结果可靠性的考量，经综合研究论证，本次实验统一将岩石试样的外形尺寸切割为250 mm×250 mm×150 mm（长×高×宽）。切割过程保证长方体试样的3组平面两两平行，试样的加工精度控制在0.05 mm以内。

4.3.1 不同直径中心孔洞试样强度损伤特征

为研究不同直径中心孔洞对完整试样强度的影响，实验严格遵循标准化流程展开。首先，在已切割完成的未钻孔试样中，采用游标卡尺对试样进行逐件测量筛选，最终选取4个尺寸误差在±0.5 mm以内的无缺陷红砂岩试样作为基准试样。随后，使用高精度数控钻床，在试样正方形表面几何中心处，依次钻取直径为6 mm、8 mm、15 mm的标准圆孔，钻孔过程中严格控制钻头转速与进给量，确保孔壁垂直度误差≤0.3°。孔洞加工完成后，立即采用高压压风管对孔壁进行彻底清除残留钻屑与粉尘。至此，完整岩石试样及3个不同孔径的实验组样本制备完成，加工后的红砂岩试样形态特征如图4.21所示。

本实验使用的电液伺服压力机型号为YAW-5000，实验过程采用等速应力控制方式加载，等速位移控制速度统一设置为0.2 mm/min。分别对无孔红砂岩试样、中心孔直径6 mm试样、中心孔直径8 mm试样、中心孔直径15 mm试样进行加载直至完全破坏，实验获得的红砂岩试样的应力-应变曲线如图4.22所示。

图 4.21 含不同直径中心孔洞红砂岩试样

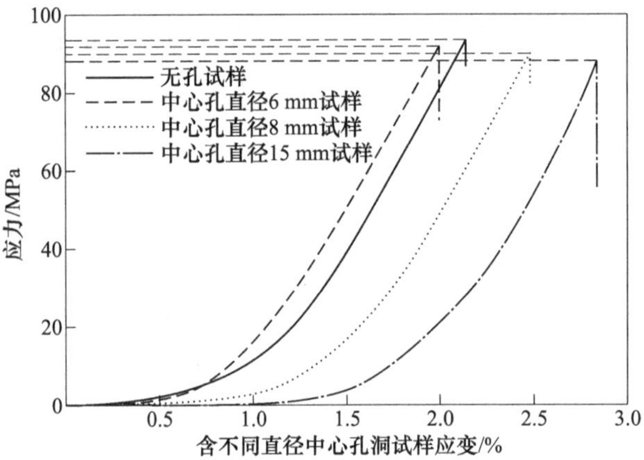

图 4.22 含不同直径中心孔洞红砂岩加载过程的应力-应变曲线

图 4.22 的数据表明，随着中心孔洞直径的增加，红砂岩试样的单轴抗压强度呈不断下降的趋势。无孔试样、中心孔直径 6 mm 试样、中心孔直径 8 mm 试样、中心孔直径 15 mm 试样的单轴抗压强度依次为 93.28 MPa、90.87 MPa、90.15 MPa、88.27 MPa。同时值得注意的是，随着中心孔洞直径的增加，试样的线线性阶段斜率呈现出不断下降的趋势。

4.3.2 不同数量孔洞试样强度损伤特征

为系统研究孔洞数量对试样强度的影响规律，本实验使用岩石切割机对大块红砂岩岩体进行切割，精准加工出多块外形尺寸为 250 mm×250 mm×150 mm（长×高×宽）的长方体试块。采用游标卡尺对试样进行逐件测量筛选，最终选取 5 块无裂隙、无明显加工缺陷的无孔试样作为基础样本。随后，采用高精度数控钻床进行钻孔作业，所有钻孔直径统一设定为 6 mm。依据预先设计的实验方案，在各试样的正方形表面按照图 4.23 所示的布置方式，依次钻取 1 个、3 个、4 个、5 个、6 个孔洞。钻孔过程中，严格控制钻头转速和进给量，并通过激光定位系统确保孔位偏差≤0.2 mm。钻孔完成后，使用高压压风管对试样表面及孔洞进行全方位吹扫，彻底清除残留岩屑，保证试样表面清洁度与实验数据准确性。至此，包含不同孔洞数量实验组的试样制备工作全部完成。其中1个孔洞中心布置试样，其钻孔圆心位于正方形面的正中央。3个孔洞三角形布置试样的下面两钻孔的圆心到试样的上下或左右平面的最小距离均为35 mm，上方钻孔圆心到试样上表面的距离为35 mm，且该圆心位于正方形面的竖直对称轴上。保持3个孔洞三角形布置试样的下方两钻孔位置不变，将上方钻孔变成两个钻孔，两孔洞圆心距离为180 mm形成4个孔洞正方形布置试样，该试样的四角钻孔圆心到试样的上下或左右平面的最小距离均为35 mm；5个孔洞五花形布置试样相对于在4个孔洞正方形布置试样的基础上增加了中心钻孔；6个孔洞三字形布置试样相对于在4个孔洞正方形布置试样的基础上，在正方形面水平对称轴上增加了两个钻孔。

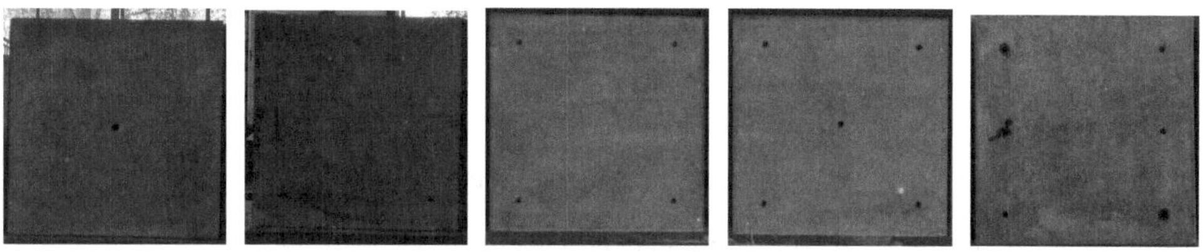

(a) (b) (c) (d) (e)

图4.23 含不同数量钻孔红砂岩试样

(a) 1个孔洞中心布置；(b) 3个孔洞三角形布置；(c) 4个孔洞正方形布置；
(d) 5个孔洞五花形布置；(e) 6个孔洞三字形布置

使用YAW-5000电液伺服万能压力机对上述5块试样进行加载，实验过程采用等速应力控制方式，以0.2 mm/min的速度向试样上下表面加载，直至试样完全破坏。

采用YAW-5000型电液伺服万能压力机对上述制备完成的5块红砂岩试样开展力学性能测试。实验全程采用等速应力控制加载模式，通过压力机配套的位移传感器（分辨率0.001 mm）与荷载传感器（精度0.1 kN）进行实时数据采集。将试样居中放置于压力机承压板中心，确保试样轴线与加载方向同轴度误差≤0.3°后，以0.2 mm/min的恒定速率对试样上下表面施加轴向荷载，直至试样发生完全破坏。加载过程中，压力机自动记录应力-应变曲线及峰值荷载数据，为后续分析不同孔洞数量对岩石强度的影响提供量化依据。

含不同数量钻孔的试样应力-应变曲线如图4.24所示。实验数据表明，维持钻孔直径不变，随着钻孔数量的增加，岩石试样的单轴抗压强度呈现不断下降的趋势。1个孔洞中心布置试样、3个孔洞三角形布置试样、4个孔洞正方形布置试样、5 个孔洞五花形布置试样、6 个孔洞三字形布置试样的单轴抗压强度依次为 90. 15 MPa、87. 88 MPa、85. 1 MPa、81. 76 MPa、73. 26 MPa。需要强调的是，以上试样在破坏时所对应的应变并不代表试样本身能够承受的最大应变，因为在实施实验的过程中，伺服压力机开始记录位移后所经历的压密阶段耗时不同。因此笔者认为，以压密阶段结束的时间节点为起点，来分析各试样的应变可能更为合理。

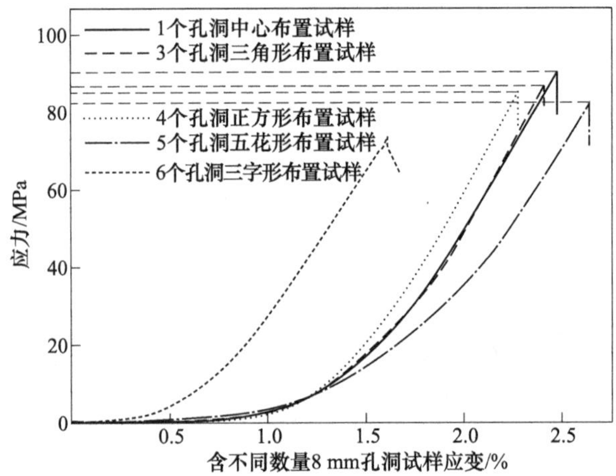

图 4. 24　含不同数量钻孔红砂岩试样加载过程的应力-应变曲线

5　吸能锚索控制技术及其工程实践

前文数值模拟研究表明，在大比值偏应力场作用下，孔洞直径或数量增加时，试样或岩体破坏所释放的能量不断增大。另外，实验研究结果也表明，相对于无孔试样，有孔试样声发射事件的累计能量更大，且大能量声发射事件集中发生于孔洞周围。本章致力于开发一种新型的吸能锚索，其吸能性能通过增强钢绞线的延伸能力来实现。为了验证这种锚索的吸能效果，本章开展了吸能锚索与普通锚索的静拉伸、落锤冲击和断口显微组织分析等实验室对比测试，通过测试数据证明了吸能锚索相较于传统锚索的性能优势。最终，通过在矿井现场进行的实地测试，验证了吸能锚索的动力学响应和吸能效果。

5.1　吸能锚索设计与测试研究

锚索吸能效果的实现通常有两个途径：一为增加吸能机构，二为增大索体本身的伸长率。以往研究更多地致力于吸能机构的研发，本书将重点放在索体本身伸长率方面，提高索体伸长率，使锚索取得较为理想的吸能效果，为提升锚索吸能性能探寻了一种新的思路。

5.1.1　吸能支护体性能要求

煤矿巷道支护所大量使用的 1×7 标准型锚索钢绞线，其所执行的国标为《预应力混凝土用钢绞线》（GB/T 5224—2023），这类钢绞线的规定伸长率一般为 3%~4%。在巷道围岩处于大比值偏应力场下，围岩破坏释放能量大或围岩大变形时，1×7 标准型锚索钢绞线破断引发的冒顶事故屡见不鲜，因此 1×7 标准型锚索钢绞线难以满足当前高应力大变形巷道的支护需求。

本书研制的吸能锚索钢绞线选取了韧性更高的新型材料，同时采用了不同的生产工艺，与 1×7 标准型锚索钢绞线相比，该锚索钢绞线生产过程免除了冷拔工序，从而保证了吸能锚索具有较大的延伸能力和韧性。图 5.1 为吸能锚索结构图，吸能锚索公称直径为 ϕ22 mm，实际测量外径平均值为 ϕ21.5 mm。钢绞线由 6 根大伸长率钢丝左捻制成，如图 5.1（a）所示，外围为 5 根直径 ϕ8 mm 的钢丝，中间为 1 根直径 ϕ6 mm 的钢丝。图 5.1（b）为吸能锚索整体外观，该锚索在现场施工便捷，不需要额外增加施工工序。

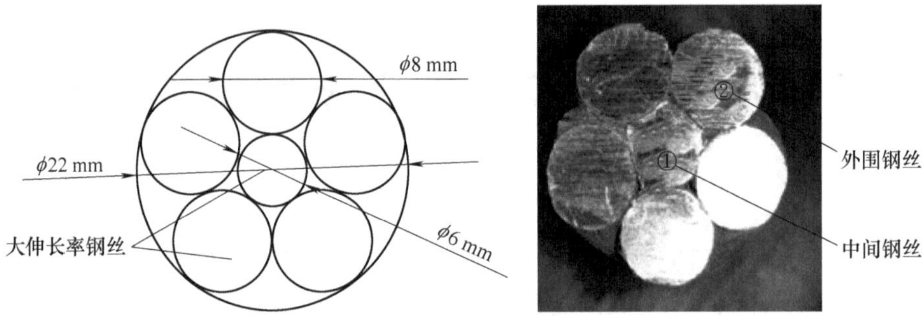

(a)

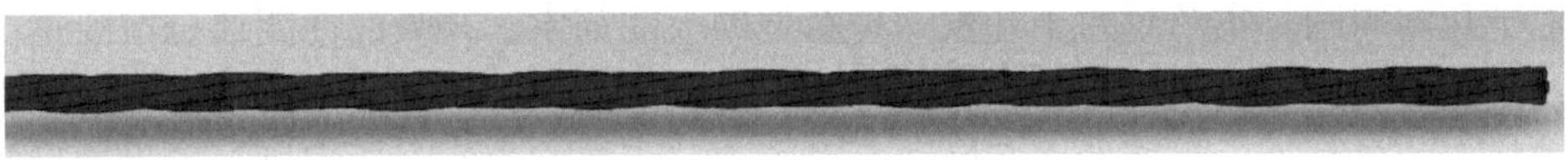

(b)

图 5.1　吸能锚索断面与外观图

(a) 吸能锚索断面图；(b) 吸能锚索整体外观图

5.1.2　吸能锚索性能测试

为了对比分析吸能锚索与普通锚索的延伸能力、吸能性能等指标。在同等实验室条件下，对吸能锚索及试验矿井实际使用的普通锚索（标准型锚索）进行静拉伸与重锤冲击试验。

图 5.2 为电液伺服卧式万能试验系统，该系统由卧式静拉伸试验机、液压动力系统、试验控制系统等组成。其中控制系统采用了 Super Test System 2011 测控软件，该系统支持多种控制方式，包括等速应力、等速位移、等速应变等多种闭环控制方式。加载过程能够实时测量与显示试验力及峰值、位移、变形等各种信号，并记录、保存试验全过程的数据曲线。

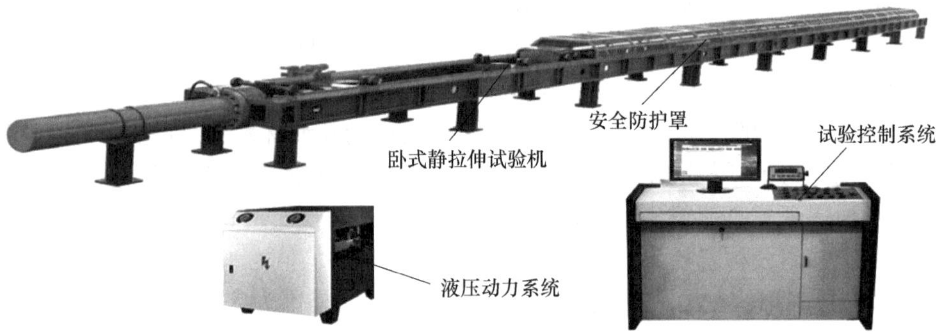

图 5.2　电液伺服卧式万能试验系统

图 5.3 为锚索静拉伸试验过程样品准备及安装固定方式，首先根据试验的需要，随机选取井下常用的 1×7ϕ17.8 mm 普通锚索、1×7ϕ21.6 mm 普通锚索若干根，从新研制的吸能锚索成品库房随机选取 1×6ϕ21.5 mm 吸能锚索若干根。如图 5.3（a）所示，试验前每一类锚索至少需要准备 3 根长度相同的钢绞线样品。试验过程锚索两端用相应型号的锁具进行固定，保证除去两端锁具长度后，锚索样品有效拉伸长度相等。

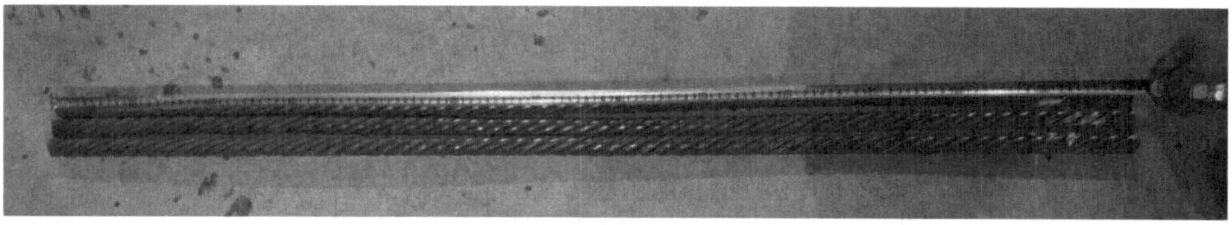

(a)

(b)

图 5.3 锚索静拉伸试验样品及安装固定方式

（a）试验前锚索截取为长度相等的样品；（b）静拉伸试验前锚索安装外形图及固定细节

静拉伸试验采用等速位移的方式加载，加载速率控制在 5 mm/min，试验获得的三种锚索的载荷与伸长率曲线如图 5.4 所示。试验数据表明，1×7ϕ17.8 mm 普通锚索、1×7ϕ21.6 mm 普通锚索、1×6ϕ21.5 mm 吸能锚索破断时的伸长率分别为 5.8%、6.9%、10.6%，其破断载荷依次为 365 kN、504 kN、324 kN。

从三种锚索伸长率指标来看，1×6ϕ21.5 mm 吸能锚索比 1×7ϕ17.8 mm 普通锚索提高了 82.7%，比 1×7ϕ21.6 mm 普通锚索提高了 53.6%。就锚索的破断载荷而言，1×6ϕ21.5 mm 吸能锚索比 1×7ϕ17.8 mm 普通锚索降低了 11.2%，比 1×7ϕ21.6 mm 普通锚索降低了 35.7%。

从上述分析可以看出，吸能锚索具有优越的延伸性能，相同直径条件下能够提供比普通锚索高 53.6%的延伸量。需要说明的是，同等直径条件下，吸能锚索提供的支护阻力降低了 35.7%，更适用于对变形要求较高而对支护载荷要求较低的巷道，例如高地应力软岩巷道围岩破坏范围大、收敛变形大、普通锚索破断率较高的场景下。

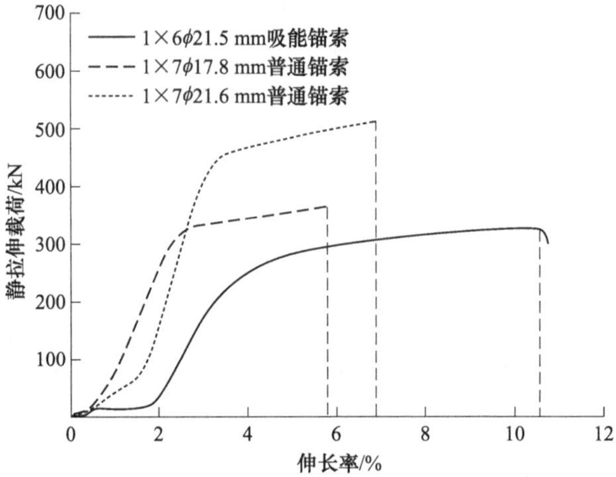

图 5.4　不同锚索静拉伸载荷-伸长率曲线

在同等实验室条件下，对新研制的吸能锚索与普通锚索进行落锤冲击试验。如图 5.5 所示，采用锚索落锤冲击试验系统分别对 1×7ϕ17.8 mm 普通锚索、1×7ϕ21.6 mm 普通锚索、1×6ϕ21.5 mm 吸能锚索进行吸能性能测试。首先根据试验的需要，随机选取井下常用的 1×7ϕ17.8 mm 普通锚索、1×7ϕ21.6 mm 普通锚索若干根，在新研制的吸能锚索成品库房随机选取 1×6ϕ21.5 mm 吸能锚索若干根，统一截取长度为 4000 mm 的锚索样品。

(a)　(b)　(c)

图 5.5　锚索落锤冲击系统与试验状态

（a）落锤冲击试验机；（b）锚索遭冲击前；（c）锚索遭冲击后

图 5.5（a）为落锤冲击试验机，图中落锤质量为 2300 kg。测试过程中落锤自由落体下落，将重力势能转化为动能，作用在单根锚索上。如图 5.5（b）所示，试验前将落锤升起到指定位置，锚索样品的上端固定在冲击试验机的顶部夹具中，下端自由下垂，采用锁具进行固定，锁具上方放置 300 mm×300 mm×20 mm 的托盘以保证落锤的作用力能够充分地作用在锚索上。图 5.5（c）显示了落锤冲击后锚索样品破断失效的状态，锚索破断则该锚索样品的落锤试验结束。

1×7ϕ17.8 mm 普通锚索、1×7ϕ21.6 mm 普通锚索、1×6ϕ21.5 mm 吸能锚索落锤冲击试验结果见表 5.1。表 5.1 显示，1×7ϕ17.8 mm 普通锚索最大能承受 45000 J 的冲击能量，而 1×7ϕ21.6 mm 普通锚索累计承受 81578.8 J 的冲击能量，1×6ϕ21.5 mm 吸能锚索则累计承受 105169.3 J 的能量。以上数据表明，1×6ϕ21.5 mm 吸能锚索能够耐受更大能量的动力载荷，相同直径条件下，吸能锚索比普通锚索的累计吸能能力提高了 29%。

表 5.1 锚索冲击性能对比试验结果

锚索样品型号	冲击次数	冲击瞬间的速度 /(m·s^{-1})	落锤下落的时间 /s	冲击能量 /J
ϕ21.5 mm 吸能锚索	1	6.60	0.67	50056.8
	2	5.11	0.52	30045.8
	3	4.67	0.48	25066.7
累计冲击能量/J				105169.3
ϕ21.6 mm 普通锚索	1	6.65	0.68	50809.7
	2	5.17	0.53	30758.1
累计冲击能量/J				81578.8
ϕ17.8 mm 普通锚索	1	6.26	0.64	45000

5.1.3 锚索静拉伸与冲击试验断口微观组织研究

对上述静拉伸与落锤冲击失效后的锚索断口的结构与形貌进行分析，有助于追溯到锚索断裂前裂纹的发生、扩展和整体失效的完整信息[206]，对于锚索的科学选型具有重要意义。锚索钢绞线的断口往往是材料性能最弱或者更容易形成应力集中的部位，裂纹的扩展方向往往沿着消耗能量最小（即原子结合力最弱的）区域进行。对断口进行分析能够找出断裂发生的类型、断裂失效的机理，为金属钢绞线材料的改进选择提供基础依据[207-208]。

图 5. 6 为静拉伸与落锤冲击测试后，测试现场收集的三种锚索断裂杆体。分别在断口处截取长约 5 mm 钢绞线的横断面试样若干，分门别类地装入指定的显微组织分析试样盒中，为断口显微组织分析做准备。图 5. 6 显示，吸能锚索的钢绞线在静拉伸与落锤冲击断裂后，钢绞线仍然捻在一起，说明吸能锚索断裂过程中回弹释放的弹性能较小。而普通锚索静拉伸和冲击断裂后其钢绞线呈现出“开花”的现象，说明断裂瞬间钢绞线存储的弹性能发生了剧烈地释放。巷道支护中，锚索突然断裂时释放弹性能越大，断裂杆体沿着锚索孔弹射的速度也越高，给人员或设备造成的伤害也越大。因此，吸能锚索断裂失效时，相对于普通锚索，断裂杆体造成事故的可能性有所降低。

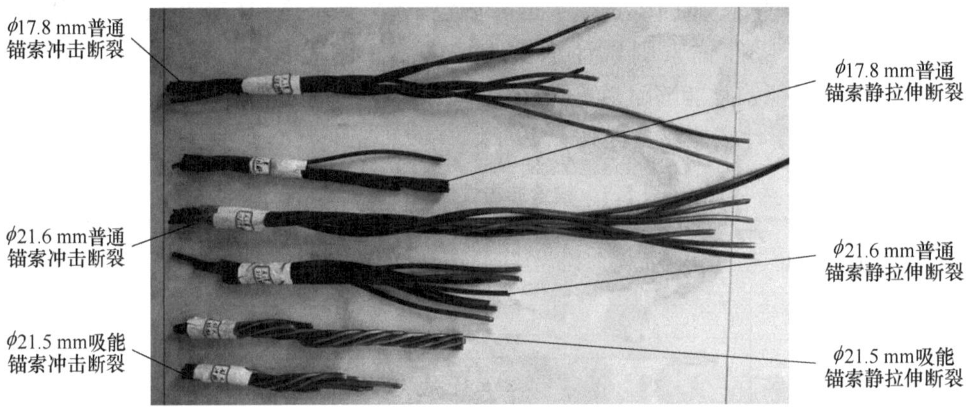

图 5. 6　静拉伸与冲击试验锚索断裂杆体

对三种锚索静拉伸试验所得的钢绞线断口进行实验室显微组织分析，显微组织结构如图 5. 7 所示。图 5. 7（a）显示 ϕ17. 8 mm 锚索静拉伸破坏断口存在大量的次生裂纹和极少数量的韧窝。其中 ϕ17. 8 mm 锚索静拉伸破坏断口形貌中有一道比较深的主裂纹存在，可以断定主裂纹的产生早于其他次生裂纹。在拉应力不断增加的推动下在主裂纹处产生了应力集中现象，最终导致钢绞线发生了脆性断裂。

图 5. 7（b）显示 ϕ21. 6 mm 锚索静拉伸破坏断口存在大量的次生裂纹和少数量的小韧窝。相比于 ϕ17. 8 mm 锚索静拉伸破坏断口形貌，ϕ21. 6 mm 锚索微裂纹的角度杂乱无序，无明显的主裂纹，微裂纹的韧窝数量显著地增多，因此 ϕ21. 6 mm 锚索属于脆性断裂，但其韧性明显优于 ϕ17. 8 mm 锚索。

图 5. 7（c）为吸能锚索的静拉伸试验断口组织形貌，与 ϕ17. 8 mm 锚索、ϕ21. 6 mm 锚索相比，最显著的特征是微观组织形貌上没有任何明显微裂纹存在。微观组织总体呈黑灰色，分布着比较均匀的断裂韧窝，说明新研制的吸能锚索的钢绞线微观组织属于典型的韧性断裂，能够吸收较大的能量，这一点已经从

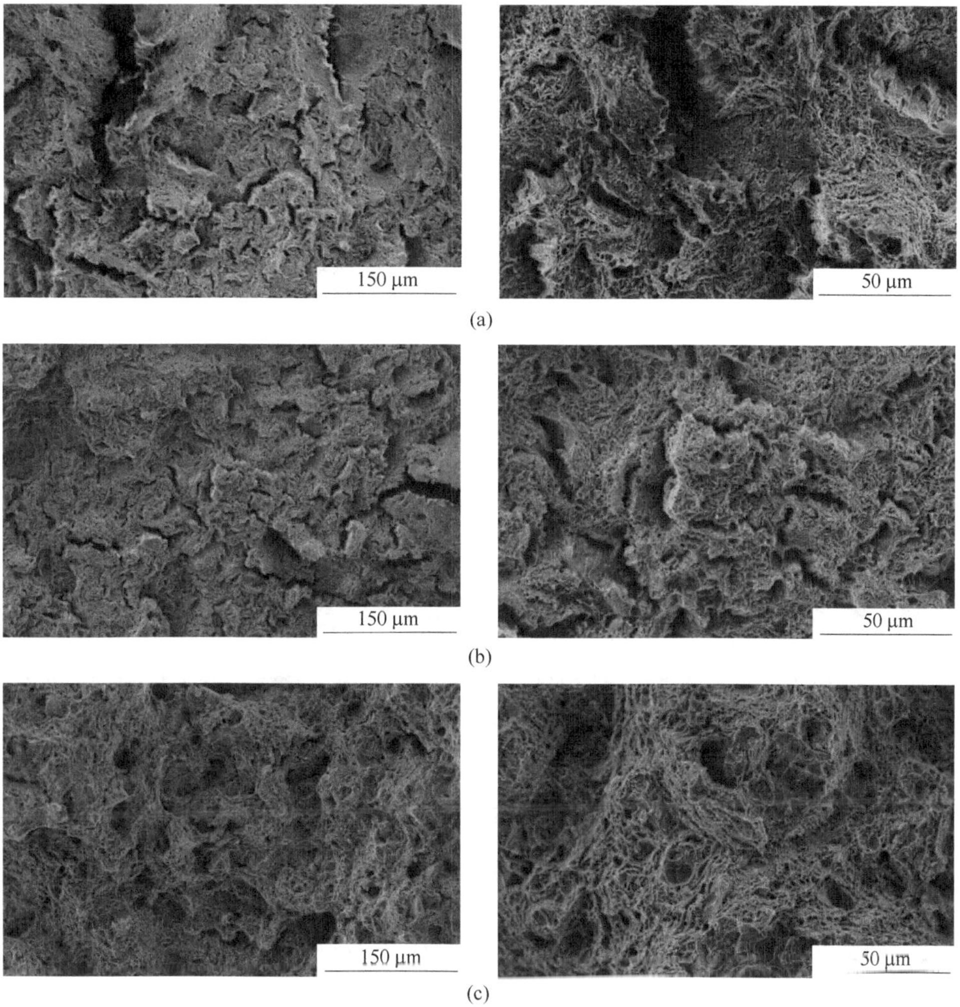

图 5.7 锚索静拉伸破坏断口显微组织结构
（a）ϕ17.8 mm 锚索静拉伸断口形貌；（b）ϕ21.6 mm 锚索静拉伸断口形貌；
（c）吸能锚索静拉伸断口形貌

图 5.6 中吸能锚索的钢绞线断口有明显的缩径得到印证。

对三种锚索落锤冲击试验所得的钢绞线断口进行实验室显微组织分析，显微组织结构如图 5.8 所示。图 5.8（a）显示 ϕ17.8 mm 锚索冲击破坏断口存在大量的微裂纹和极少数量的韧窝。与 ϕ17.8 mm 锚索静拉伸破坏断口相比，相同面积下，微裂纹的数量明显增多，并且微裂纹有相互连通的趋势。微裂纹的深度也普遍比静拉伸破坏时的深。同时韧窝的数量也有明显下降。因此 ϕ17.8 mm 锚索冲击破断时，钢绞线呈现出更大的硬脆性。随着应变的增加，萌生裂纹更容易不断

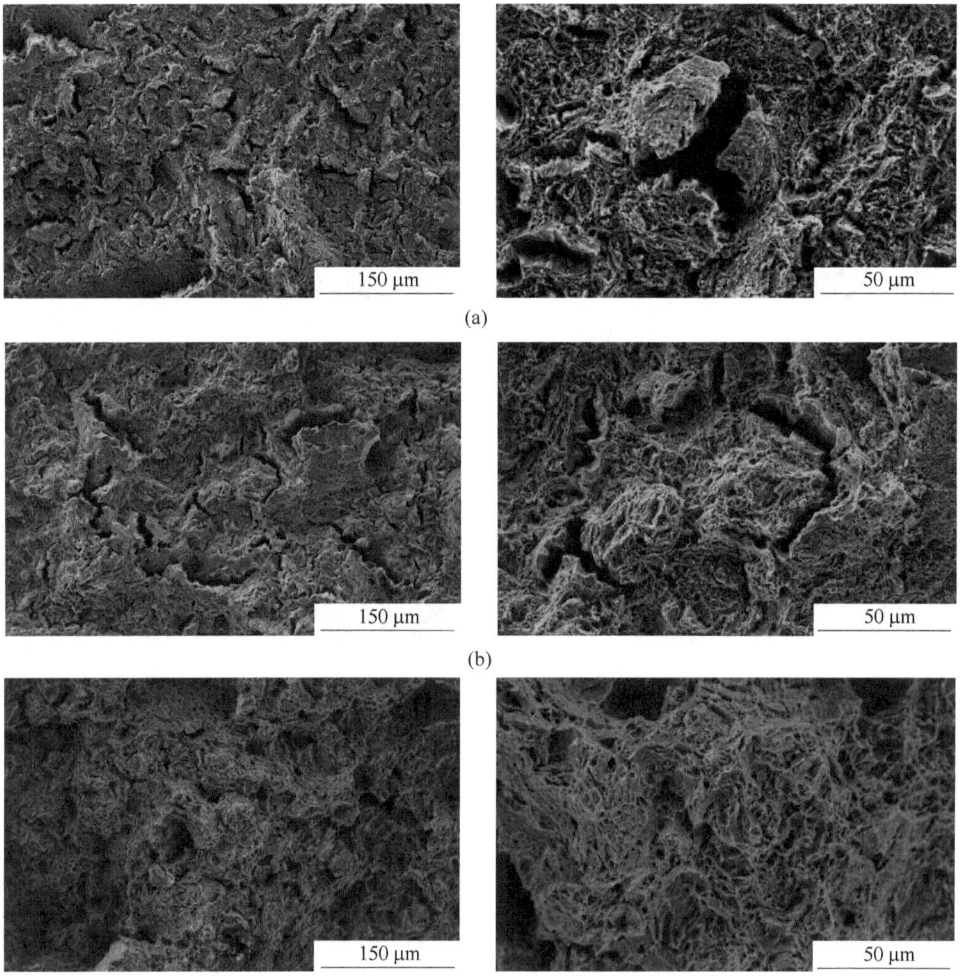

(a)　(b)　(c)

图 5.8　锚索冲击破坏断口显微组织结构

（a）ϕ17.8 mm 锚索落锤冲击试验断口形貌；（b）ϕ21.6 mm 锚索落锤冲击试验断口形貌；
（c）吸能锚索落锤冲击试验断口形貌

扩展相连并最终断裂。

图 5.8（b）显示 ϕ21.6 mm 锚索冲击破坏断口形貌存在较多的长微裂纹和极少数量的韧窝。与 ϕ21.6 mm 锚索静拉伸破坏断口相比，微裂纹的尺寸明显增大，而且微裂纹的深度也进一步增加，断裂的韧窝明显减少。同时，值得注意的是，冲击破坏的微观组织的反光能量更强，总体形貌更加平坦，可能是存在网状渗碳体的缘故。因此 ϕ21.6 mm 锚索冲击破断时，钢绞线呈现出更大的硬脆性，冲击应力作用下裂纹更容易快速扩展引起断裂。

图 5.8（c）显示吸能锚索的冲击断裂形貌上几乎没有任何的微裂纹存在，与吸能锚索的静拉伸断口相比，冲击试验 50 μm 级断口形貌上有 3 个比较深的韧窝，说明在巨大的冲击力下，钢绞线还未来得及延伸就发生了断裂。因此，与静拉伸试验相比，冲击试验时，吸能锚索的韧性也有所下降。

锚索微观组织研究结果表明：相对于试验采用的普通锚索而言，吸能锚索断口形貌上没有明显微裂纹，断裂韧窝均匀，说明静拉伸与落锤冲击试验时，吸能锚索的破断均属于典型的韧性断裂，同等条件下，破断吸收的能量更大。

5.2 围岩吸能锚索控制技术工程实践

前文研制了一种吸能锚索，并在实验室尺度，对普通锚索与吸能锚索的延伸性能、吸能性能与微观断口等方面的数据进行了对比研究。本节将新研制的吸能锚索应用于试验巷道的支护现场，综合对比研究普通锚索与吸能锚索在巷道围岩控制方面、煤岩体断裂引起能量释放过程中动力响应方面的表现。

5.2.1 试验巷道概况

选取神东矿区某大型矿井进行吸能锚索的工业性试验，试验矿井采用平硐斜井联合布置方式开拓，矿井地质条件简单，水文地质类型中等，设计生产能力为 2000 万吨/a。试验矿井共布置 3 个综合机械化采煤工作面，回采工作面推进速度快，开采强度大，例如采煤工作面平均采高 6.0 m，长度为 320 m，不考虑工作面初采与末采的影响，回采工作面平均每天可推进 10~16 m。

矿井采煤工作面回采巷道采用双巷布置的方式，回采巷道采用“锚杆+锚索+钢带+金属网”联合支护，支护密度较大。试验巷道埋深 395~440 m，煤厚 4.0~6.5 m，倾角 1°~3°。巷道支护采用分次支护的方式进行施工，首先，在巷道掘进期间施工大量锚杆和少量锚索保证巷道的稳定。然后，在巷道服务的采煤工作面即将推进之前，对该巷道进行二次补强支护，二次补强支护往往以补打锚索为主。但当回采巷道服务的采煤工作面回采期间出现大比值偏应力场的作用下，巷道局部出现煤帮鼓起、顶板下沉、锚杆（索）破断、网片与钢带破断等支护困难情形时，则需要继续在该区域进行针对性的零星补强支护。

5.2.2 吸能锚索工业性试验与支护效果研究

为验证吸能锚索对大比值偏应力场环境下巷道围岩控制的适应性，选取工作面附近的回采巷道进行吸能锚索的工业性试验。试验方案如图 5.9（a）所示，试验段位于矿井 42205 回风顺槽 18~19 联巷之间的 100 m 范围内。靠近 18 联巷的 50 m 范围内为试验段，每隔 1 m 施工 2 根吸能锚索；靠近 19 联巷的 50 m 范围内为对比段，每隔 1 m 施工 2 根普通锚索。在试验段与对比段内每隔 20 m 设置一个测站，总共设置 4 个测站。

图 5.9（b）为吸能锚索工业性试验测站布置平面示意图，相邻测站之间的距离为 20 m。其中测站 1、测站 2 布置在吸能锚索试验段，在测站 1 内布置了 1 号锚索应力计、2 号锚索应力计、1 号离层仪，测站 2 内布置了 3 号锚索应力计；测站 3、测站 4 布置在普通锚索对比段。测站 3 内布置了 4 号锚索应力计、5 号锚索应力计、2 号离层仪，测站 4 内布置了 6 号锚索应力计。

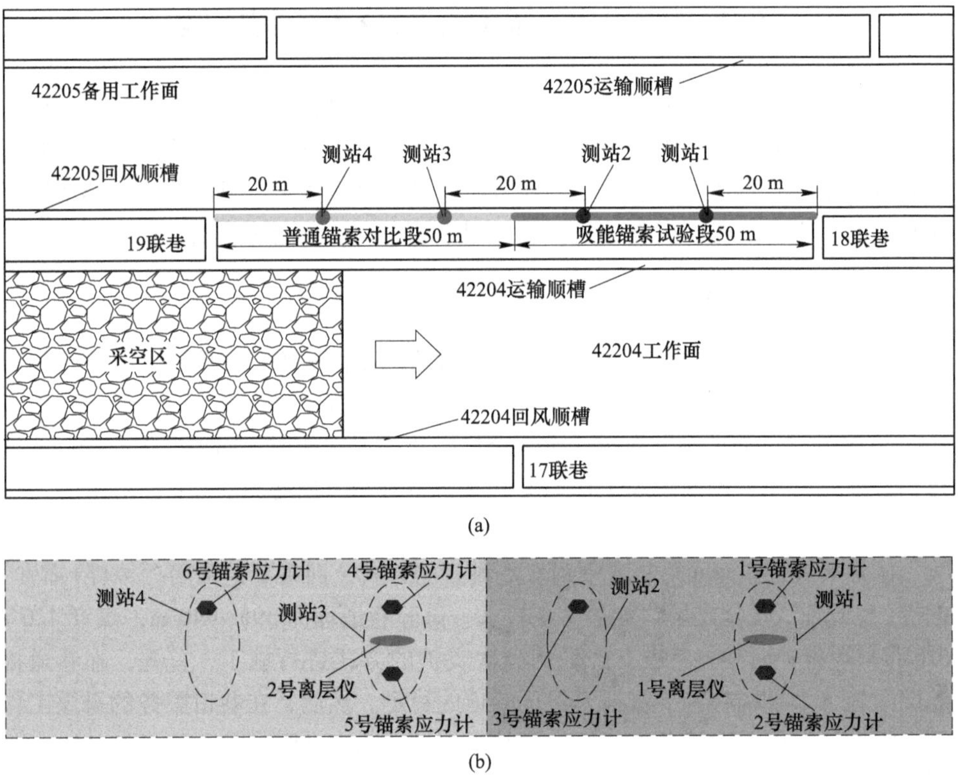

图 5.9　吸能锚索工业性试验方案及测站布置情况

（a）吸能锚索工业性试验方案；（b）测站布置平面示意图

图 5.10 为 42205 回风顺槽巷道副帮支护平面图与现场传感器布置示意图，由图可知，巷道高度为 3800 mm，巷道采用锚杆锚索联合支护的方式进行支护。普通锚杆的间排距为 750 mm×1000 mm，最高一排锚杆距离巷道顶板 300 mm，最低一排锚杆距离巷道底板 500 mm。在本次试验方案实施之前，最上方一排锚索因瓦斯排放管路安装的原因已经施工完毕，因此本试验中仅考虑下方两排锚索的替换对比方案。本次吸能锚索对比试验，是在保证了其他锚杆与最上方一排锚索

支护参数完全一致的条件下进行的。吸能锚索支护试验段按照图 5.10 中所示的支护参数，每米施工 2 根 ϕ21.5 mm×6300 mm 吸能锚索。在普通锚索对比段则每 2 m 施工 2 根 ϕ28.6 mm×6500 mm 的普通锚索。

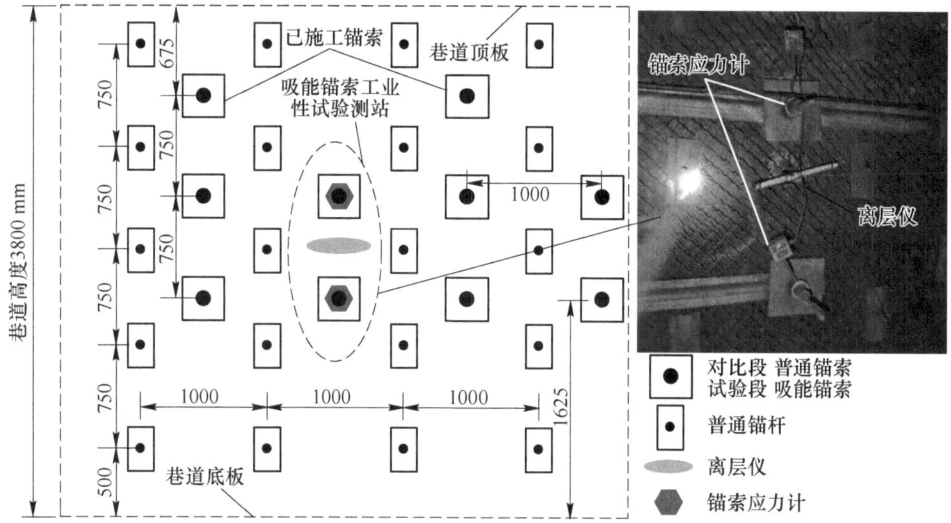

图 5.10 试验巷道支护平面图与测站传感器布置示意图

为了使离层仪所监测的巷道表面位移能够代表锚索施工位置的围岩变形情况。本次试验将顶板离层仪设置在实施锚索阻力监测的两个锚索之间，共同形成一个监测测站。锚索应力计采用数显测力计，该应力计可以实时显示锚索轴向的阻力变化情况。每个离层仪有 2 个基点，其中浅基点的深度为 2.1 m，深基点的深度为 6.5 m。

图 5.11（a）为工作面推进过程中，1 号吸能锚索与 4 号普通锚索阻力变化趋势图。结果表明，1 号吸能锚索的工作阻力普遍大于 4 号普通锚索，1 号吸能锚索阻力整体呈现出先逐步升高后急剧下降的趋势，4 号普通锚索阻力则呈现出上下波动的趋势。在工作面超过测站 50 m 之前，1 号吸能锚索阻力波动的范围为 52~68 kN，4 号普通锚索波动范围较大，锚索阻力值基本在 36~77 kN 波动；而工作面超过测站 50 m 之后，1 号吸能锚索呈现出锚索阻力逐步升高的趋势，工作面超过测站 170 m 后，锚索阻力出现大幅下降，表明采煤工作面对锚索的阻力扰动开始减小。4 号普通锚索工作阻力较小维持在 42 kN 上下。

图 5.11（b）为工作面推进过程中，2 号吸能锚索与 5 号普通锚索的阻力变化趋势图。结果表明，两种锚索的阻力随工作面的位置变化趋势大体相同，但 2 号吸能锚索提供的支护阻力普遍高于 5 号普通锚索，且 2 号吸能锚索的阻力波动相对较小，说明吸能锚索在相同条件下，承受扰动的能量更强。

图 5.11（c）为工作面推进过程中，3 号吸能锚索与 6 号普通锚索的阻力变

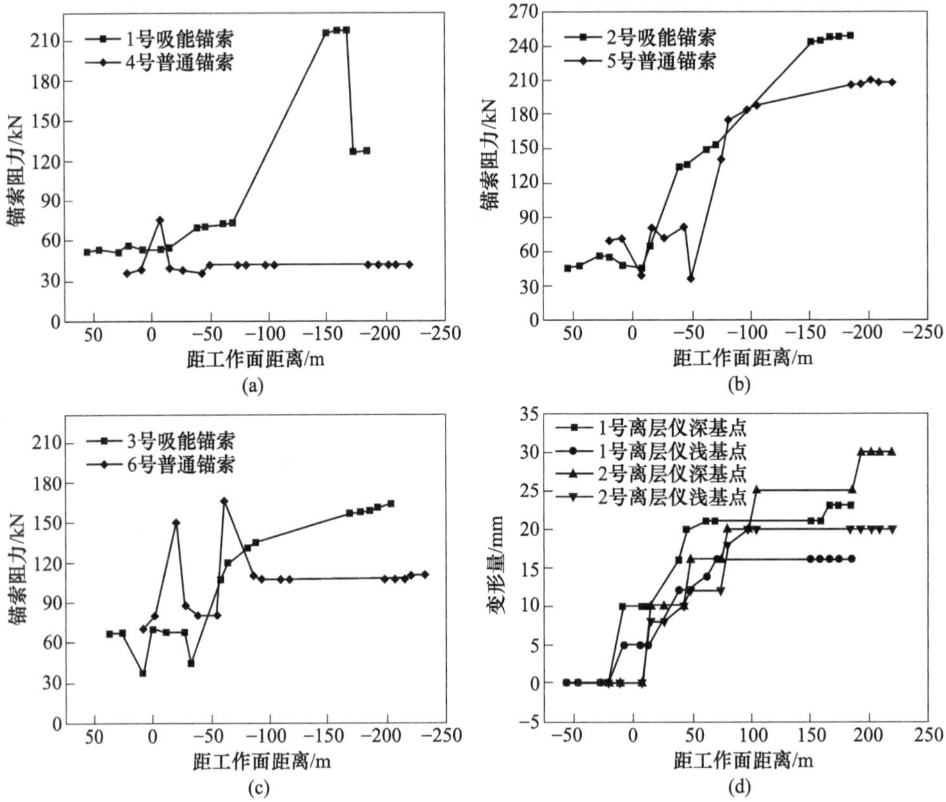

图 5. 11　试验巷道锚索阻力和围岩变形监测结果

（a）1 号与 4 号锚索阻力与工作面位置关系；（b）2 号与 5 号锚索阻力与工作面位置关系；（c）3 号与 6 号锚索阻力与工作面位置关系；（d）不同锚索支护段围岩位移变化趋势

化趋势图。结果表明，3 号吸能锚索与 6 号普通锚索在工作面推进的过程中均出现了两次大的阻力波动变化，但 3 号吸能锚索波动幅度较小。随着工作面的推进，在工作面超过测站 50 m 之前，3 号吸能锚索阻力波动的范围为 37～70 kN，6 号普通锚索阻力值基本在 82～155 kN 波动。

图 5. 11（d）为工作面超进过程中，吸能锚索与普通锚索支护段围岩位移变化趋势图，数据表明，吸能锚索能够更好地控制围岩发生变形。其中 1 号离层仪设置在吸能锚索支护区，2 号离层仪设置在普通锚索支护对比区。深基点的位移监测结果显示，随着工作面超进，工作面超过测站 100 m 之前，1 号离层仪的深基点位移与 2 号离层仪深基点的位移基本相差不大并维持在 20 mm 以内，但随工作面的继续推进，1 号离层仪的深基点位移明显小于 2 号深基点的位移；浅基点的位移监测结果显示，随着工作面的推进，工作面超过测站 80 m 之前，1 号离层仪的浅基点位移与 2 号离层仪浅基点的位移基本相差不大维持在 15 mm 以内。

但随工作面的继续推进，1 号离层仪的浅基点位移明显小于 2 号浅基点的位移。上述深基点与浅基点监测数据表明，总体上来讲，吸能锚索支护区的位移比普通锚索支护区小，这可能与吸能锚索在此阶段工作阻力高于普通锚索有关，说明吸能锚索能够更好地控制围岩发生变形。

锚索阻力监测结果表明：随着工作面的推进，两种锚索的阻力变化趋势基本相同。但是，多数情况下，吸能锚索的工作阻力高于普通锚索，阻力波动范围也相对较小。变形位移监测结果表明：随着工作面的推进，两种锚索支护段，位移变形趋势大体相同，但吸能锚索支护段的深部基点与浅部基点位移均比普通锚索支护段小，说明吸能锚索较好地控制了围岩的变形。综上所述，吸能锚索更适应于采动应力场下的回采巷道的支护，在工作面推进的过程中，吸能锚索能够为围岩提供较为稳定的支护力，且相对于普通锚索对比段，吸能锚索试验段巷道位移变形小。

5.2.3 吸能锚索动力响应试验效果研究

采用高频率振动信号采集系统，对吸能锚索和普通锚索的动力响应进行现场对比试验。试验地点位于神东矿区某采煤工作面前方（支承压力影响范围内），现场设备布置情况如图 5.12 所示，共布置两个振动传感器（分别采集吸能锚索和普通锚索的振动响应信号）和一个采集平板。其中采集平板每个通道的采样频

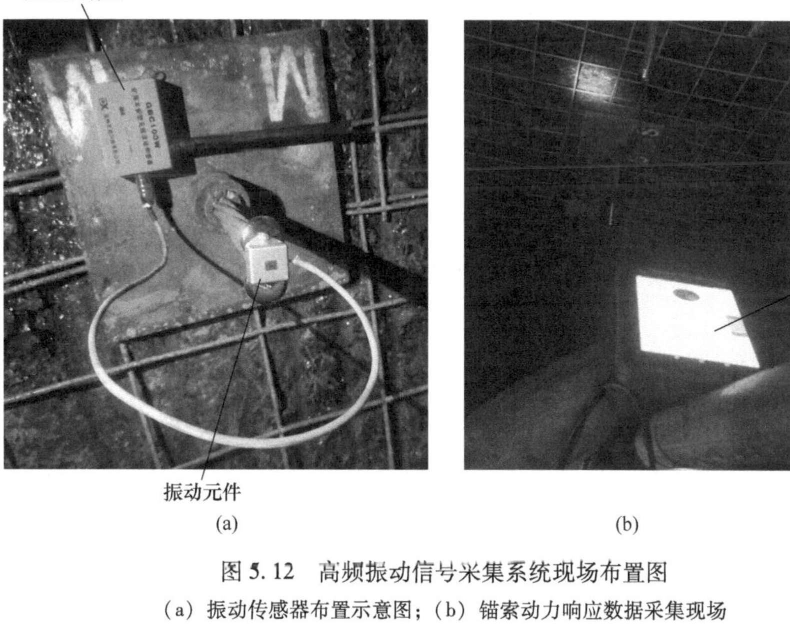

(a) (b)

图 5.12 高频振动信号采集系统现场布置图

（a）振动传感器布置示意图；（b）锚索动力响应数据采集现场

率均为 1000 Hz，传感器类型为速度型，量程为 10000 mV，振动传感器内置无线发射模块，可通过无线 Wi-Fi 的方式将振动信号传输至采集平板中。采煤工作面开采过程中，顶板会产生周期性破断，形成应力波。由于两测试锚索之间距离较小，可以认为给予两个锚索的振动原始信号是一致的，在这种情况下，就可以测试获得两种锚索在同一震源下的动力响应特征。

测试周期内，现场观测采集到的吸能锚索与普通锚索振动信号对比结果如图 5. 13 和图 5. 14 所示。结果显示，在同一个煤岩体破断的应力波影响下，吸能锚索的动力响应程度更低。从波形的形态来看，两个传感器波形相似，说明两种锚索收到的动力响应信号的确来自同一个应力波，表明两种锚索动力响应的对比是可信的。

从振动的幅值来看，吸能锚索低于普通锚索。从波形感观上看，可以分为两种类型，一种幅值差距较大（图 5. 13），另一种幅值差距较小（图 5. 14），表明吸能锚索对于不同能量应力波的耗能效果不同。可以肯定的是，在相同应力波影响下，吸能锚索的动力响应表现确实更加优异，只是对于不同类型应力波，优异的程度不同而已。

在相同应力波影响下，普通锚索与吸能锚索动力响应振幅差距较大情形对应的振幅箱线图如图 5. 15 所示。从结果可以看出，同一应力波影响下，对应响应振幅的均值比值（普通锚索比吸能锚索）分别为 1. 93、2. 31、2. 09、3. 13、3. 03、3. 72、5. 34、3. 28，以上数据表明，在幅值差距较大情形下，普通锚索与吸能锚索动力响应振幅比值的平均值为 3. 10。

在相同应力波影响下，普通锚索与吸能锚索动力响应振幅差距较小情形对应的振幅箱线图如图 5. 16 所示。结果显示，对应响应振幅的均值比值（普通锚索比吸能锚索）分别为 1. 87、2. 43、2. 12、2. 04、1. 38、1. 67、1. 30、1. 69。以上数据表明，幅值差距较小情形下，普通锚索与吸能锚索动力响应振幅比值的平均值为 1. 81。

振幅-时间变化曲线下的面积可以认为是振动响应的能量，因此可以从能量角度对比两种锚索的动力响应。从现场观测结果来看，受相同应力波影响时，吸能锚索的响应能量仅为普通锚索响应能量的 1/5～1/2。尤其当应力波能量较大时，吸能锚索的响应能量与普通锚索相比更小。

以上测试结果表明，在同一应力波影响下，吸能锚索的响应振幅和响应能量均优于普通锚索，吸能锚索的吸能性能更加优异。

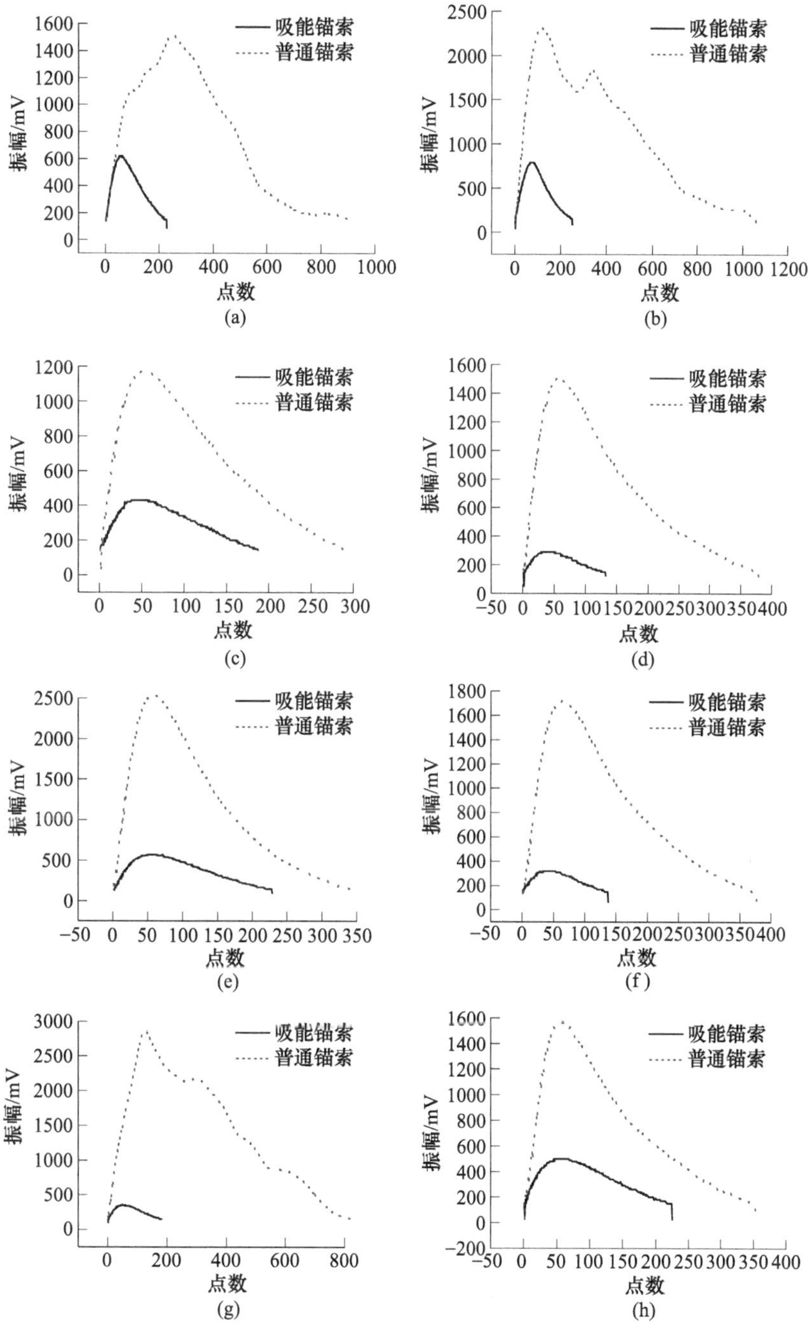

图 5.13 振幅差距较大情形普通锚索与吸能锚索动力响应曲线

(a) 第一次应力波；(b) 第二次应力波；(c) 第二次应力波；(d) 第四次应力波；(e) 第五次应力波；(f) 第六次应力波；(g) 第七次应力波；(h) 第八次应力波

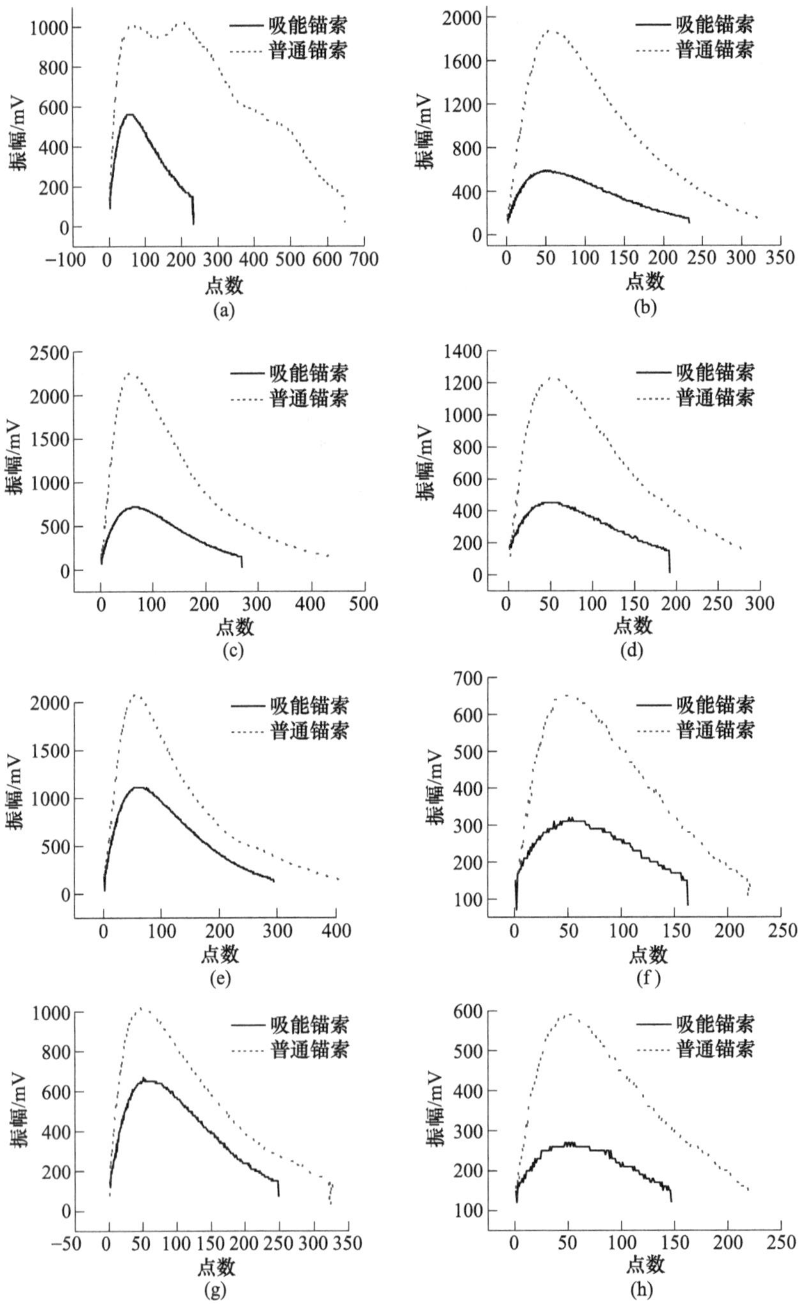

图 5.14　振幅差距较小情形普通锚索与吸能锚索动力响应曲线

（a）第九次应力波；（b）第十次应力波；（c）第十一次应力波；（d）第十二次应力波；（e）第十三次应力波；（f）第十四次应力波；（g）第十五次应力波；（h）第十六次应力波

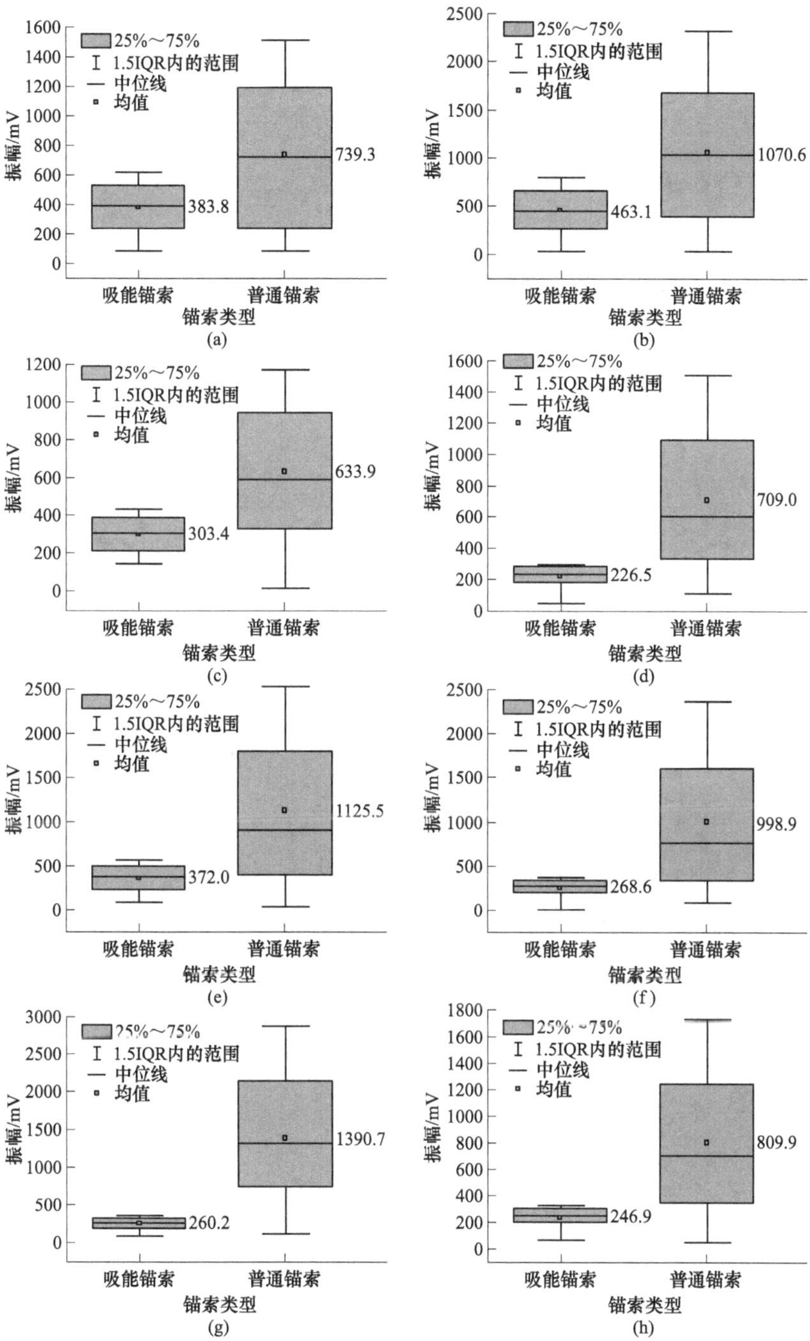

图 5.15 普通锚索与吸能锚索动力响应振幅差距较大情形箱线图

(a) 第一次应力波；(b) 第二次应力波；(c) 第三次应力波；(d) 第四次应力波；(e) 第五次应力波；(f) 第六次应力波；(g) 第七次应力波；(h) 第八次应力波

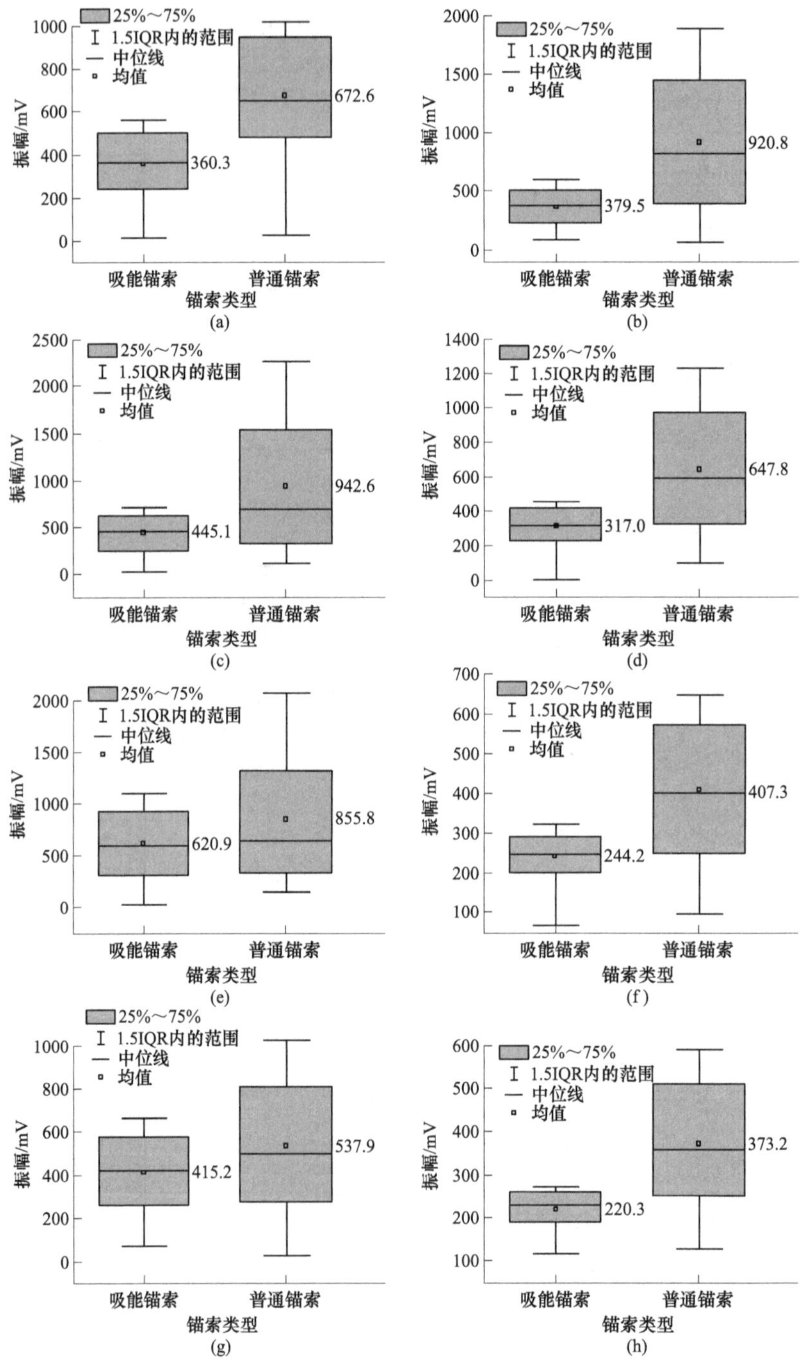

图 5.16 普通锚索与吸能锚索动力响应振幅差距较小情形箱线图

(a) 第九次应力波；(b) 第十次应力波；(c) 第十一次应力波；(d) 第十二次应力波；(e) 第十三次应力波；(f) 第十四次应力波；(g) 第十五次应力波；(h) 第十六次应力波

参 考 文 献

[1] 张庆贺，袁亮，杨科，等．深井煤岩动力灾害的连续卸压开采防治机理［J］．采矿与安全工程学报，2019，36（1）：80-86，102.

[2] 康红普．我国煤矿巷道锚杆支护技术发展 60 年及展望［J］．中国矿业大学学报，2016，45（6）：1071-1081.

[3] 李辉，庞博，朱法华，等．碳减排背景下我国与世界主要能源消费国能源消费结构与模式对比［J］．环境科学，2022，43（11）：5294-5304.

[4] 杨英明，孙建东，李全生．我国能源结构优化研究现状及展望［J］．煤炭工程，2019，51（2）：149-153.

[5] 康红普，谢和平，任世华，等．全球产业链与能源供应链重构背景下我国煤炭行业发展策略研究［J］．中国工程科学，2022，24（6）：26-37.

[6] 孙继平．前言［C］//第 30 届全国煤矿自动化与信息化学术会议暨第 11 届中国煤矿信息化与自动化高层论坛论文集．中国煤炭学会煤矿自动化专业委员会，2022：3.

[7] 袁亮．我国煤炭主体能源安全高质量发展的理论技术思考［J］．中国科学院院刊，2023，38（1）：11-22.

[8] 钱鸣高，许家林，王家臣．再论煤炭的科学开采［J］．煤炭学报，2018，43（1）：1-13.

[9] 胡振琪，肖武，王培俊，等．试论井工煤矿边开采边复垦技术［J］．煤炭学报，2013，38（2）：301-307.

[10] 柏建彪，侯朝炯．深部巷道围岩控制原理与应用研究［J］．中国矿业大学学报，2006（2）：145-148.

[11] 诸利一，吕文生，杨鹏，等．2007—2016 年全国煤矿事故统计及发生规律研究［J］．煤矿安全，2018，49（7）：237-240.

[12] 蒋星星，李春香．2013—2017 年全国煤矿事故统计分析及对策［J］．煤炭工程，2019，51（1）：101-105.

[13] 孙云川，刘雄．2021 年全国煤矿事故特征及规律分析［J］．采矿技术，2022，22（6）：78-81.

[14] 于健浩，毛德兵．我国煤矿顶板管理现状及防治对策［J］．煤炭科学技术，2017，45（5）：65-70.

[15] 钱七虎．中国岩石工程技术的新进展［J］．中国工程科学，2010，12（8）：37-48.

[16] RANJITH P G，ZHAO J，JU M，et al. Opportunities and challenges in deep mining：a brief review［J］. Engineering，2017，3（4）：546-551.

[17] GUO W Y，ZHAO T B，TAN Y L，et al. Progressive mitigation method of rock bursts under complicated geological conditions［J］. International Journal of Rock Mechanics and Mining Sciences，2017，96：11-22.

[18] DE SANTIS F，CONTRUCCI I，KINSCHER J，et al. Impact of geological heterogeneities on induced-seismicity in a deep sublevel stoping mine［J］. Pure and Applied Geophysics，2019，176（2）：697-717.

[19] ZHU Q，LI Q，FENG Y，et al. An experimental investigation on the relationship between ms

frequency response and coal and gas outburst [J]. Shock and Vibration, 2018, 2018: 1-13.

[20] MAŁKOWSKI P, JUSZYŃSKI D. Roof fall hazard assessment with the use of artificial neural network [J]. International Journal of Rock Mechanics and Mining Sciences, 2021, 143: 104701.

[21] KONG Y, LI X, ZHAO J. Quantifying the transition of impact mechanisms of geophysical flows against flexible barrier [J]. Engineering Geology, 2021, 289: 106188.

[22] LIU B, ZHANG D W, YANG C, et al. Long-term performance of metro tunnels induced by adjacent large deep excavation and protective measures in nanjing silty clay [J]. Tunnelling and Underground Space Technology, 2020, 95: 103147.

[23] POTYONDY D O, CUNDALL P A. A bonded-particle model for rock [J]. International Journal of Rock Mechanics and Mining Sciences, 2004, 41 (8): 1329-1364.

[24] KAWAMOTO T, ICHIKAWA Y, KYOYA T. Deformation and fracturing behaviour of discontinuous rock mass and damage mechanics theory [J]. International Journal for Numerical and Analytical Methods in Geomechanics, 1988, 12 (1): 1-30.

[25] 王家臣. 基于采动岩层控制的煤炭科学开采 [J]. 采矿与岩层控制工程学报, 2019, 1 (2): 40-47.

[26] GRIFFITH A A. The phenomena of rupture and flow in solids [J]. Philosophical Transactions of the Royal Society A Mathematical Physical and Engineering Science, 1921, A221 (4): 163-198.

[27] AKER E, KÜHN D, VAVRYČUK V, et al. Experimental investigation of AEs and their moment tensors in rock during failure [J]. International Journal of Rock Mechanics and Mining Sciences, 2014, 70: 286-295.

[28] HEPING X, SANDERSON D J, PEACOCK D C P. A fractal model and energy dissipation for en echelon fractures [J]. Engineering Fracture Mechanics, 1994, 48 (5): 655-662.

[29] 谢和平, 陈忠辉, 段法兵, 等. 综放顶煤爆破能量的分形研究 [J]. 力学与实践, 2000 (1): 16-18.

[30] 来兴平, 方贤威, 单鹏飞, 等. 脆性孔洞煤样承载过程破坏模式及能量阶段蓄积释放规律分析 [J]. 采矿与安全工程学报, 2021, 38 (5): 1005-1014.

[31] 韦波. 含孔洞类岩石力学特性及损伤演化研究 [D]. 青岛: 山东科技大学, 2020.

[32] 马斌文. 钻孔卸压防治冲击地压研究 [D]. 北京: 煤炭科学研究总院, 2018.

[33] 袁红辉, 季相栋, 杜泽文, 等. 深部巷道钻孔卸压围岩力学性能研究 [J]. 煤炭技术, 2022, 41 (3): 39-43.

[34] 李小彦, 孙德全, 谢风华, 等. 大直径钻孔卸压对围岩强度与锚固力影响研究 [J]. 煤矿安全, 2022, 53 (1): 79-84.

[35] 黄明利, 唐春安, 朱万成. 岩石单轴压缩下破坏失稳过程 SEM 即时研究 [J]. 东北大学学报, 1999 (4): 426-429.

[36] 尤明庆, 华安增, 李玉寿. 缺陷岩样强度及变形特性的研究 [J]. 岩土工程学报, 1998 (2): 97-101.

[37] 王鲁明, 赵洪先, 华安增. 分层介质对巷道裂隙围岩稳定性影响的数值分析 [J]. 矿山

压力与顶板管理，2004（3）：8-10，14-118.
［38］朱谭谭，靖洪文，苏海健，等．孔洞-裂隙组合型缺陷砂岩力学特性试验研究［J］．煤炭学报，2015，40（7）：1518-1525.
［39］贾传洋，蒋宇静，张学朋，等．大直径钻孔卸压机理室内及数值试验研究［J］．岩土工程学报，2017，39（6）：1115-1122.
［40］杨永杰，王德超，王凯，等．煤岩强度及变形特征的微细观损伤机理［J］．北京科技大学学报，2011，33（6）：653-657.
［41］赵阳，周宏伟，刘迪，等．深部煤层顶板砂岩弹性模量与孔隙度关系模型研究［J］．矿业科学学报，2019，4（3）：204-212.
［42］黄明利，唐春安，朱万成．非均质岩桥对裂纹扩展贯通机制影响的数值分析［J］．辽宁工程技术大学学报（自然科学版），2000（1）：20-24.
［43］辛保泉，谭钦文，谢羽佳，等．岩性劣化对露天矿山边坡稳定性的响应规律［J］．金属矿山，2015（4）：157-161.
［44］姜福兴，魏全德，姚顺利，等．冲击地压防治关键理论与技术分析［J］．煤炭科学技术，2013，41（6）：6-9.
［45］王爱文，高乾书，潘一山．煤层钻孔降倾-控变-耗能防冲机制试验研究［J］．岩土力学，2021，42（5）：1230-1244.
［46］李全贵，邓羿泽，胡千庭，等．煤岩水力压裂物理实验研究的综述及展望［J］．煤炭科学技术，2022，50（12）：62-72.
［47］谭强，高明忠，谢晶，等．单孔增透率算法的提出及其工程应用［J］．岩土力学，2016，37（12）：3553-3560，3568.
［48］徐幼平，林柏泉，翟成，等．定向水力压裂裂隙扩展动态特征分析及其应用［J］．中国安全科学学报，2011，21（7）：104-110.
［49］李全贵，翟成，林柏泉，等．定向水力压裂技术研究与应用［J］．西安科技大学学报，2011，31（6）：735-739.
［50］蔺海晓，杜春志．煤岩拟三轴水力压裂实验研究［J］．煤炭学报，2011，36（11）：1801-1805.
［51］欧阳振华，齐庆新，张寅，等．水压致裂预防冲击地压的机理与试验［J］．煤炭学报，2011，36（S2）：321-325.
［52］邓广哲．封闭型煤层裂隙地应力场控制水压致裂特性［J］．煤炭学报，2001（5）：478-482.
［53］邓广哲，王世斌，黄炳香．煤岩水压裂缝扩展行为特性研究［J］．岩石力学与工程学报，2004（20）：3489-3493.
［54］沈逸飞，许慎，冯培云，等．围压作用下水射流破岩损伤机理的数值模拟研究［J］．煤矿安全，2022，53（2）：59-65.
［55］郝富昌，支光辉，孙丽娟．考虑流变特性的抽放钻孔应力分布和移动变形规律研究［J］．采矿与安全工程学报，2013，30（3）：449-455.
［56］易恩兵，牟宗龙，窦林名，等．软及硬煤层钻孔卸压效果对比分析研究［J］．煤炭科学技术，2011，39（6）：1-5，85.

[57] 林柏泉，张其智，沈春明，等．钻孔割缝网络化增透机制及其在底板穿层钻孔瓦斯抽采中的应用［J］．煤炭学报，2012，37（9）：1425-1430.
[58] 撒占友，何学秋，王恩元．煤岩变形破坏电磁辐射记忆效应的力电耦合规律［J］．地球物理学报，2006（5）：1517-1522.
[59] 陈建忠，代志旭．瓦斯抽采钻孔合理封孔长度确定方法［J］．煤矿安全，2012，43（8）：8-10.
[60] 肖晓春，丁鑫，徐军，等．超声作用下煤岩细观损伤演化模型及增渗机理研究［J］．天然气地球科学，2016，27（1）：166-172.
[61] 李晓昭，张迪，华安增．钻孔和巷硐周围流体压力变化对围岩变形及应力状态的影响［J］．高校地质学报，2002（1）：106-112.
[62] 张飞，孙玉宁，尚玮炜，等．抽采钻孔损伤机理分析及高效封孔材料研制［J］．辽宁工程技术大学学报（自然科学版），2021，40（2）：120-125.
[63] 孙晓彤，周宏伟，薛东杰，等．基于 NMR 的低渗煤体自渗吸实验研究［J］．中国矿业大学学报，2021，50（4）：804-812.
[64] 李根，唐春安，李连崇，等．水压致裂过程的三维数值模拟研究［J］．岩土工程学报，2010，32（12）：1875-1881.
[65] 李术才，李树忱，朱维申，等．裂隙水对节理岩体裂隙扩展影响的 CT 实时扫描实验研究［J］．岩石力学与工程学报，2004（21）：3584-3590.
[66] 张广清，陈勉．水平井水力裂缝非平面扩展研究［J］．石油学报，2005（3）：95-97，101.
[67] 李连崇，杨天鸿，唐春安，等．岩石水压致裂过程的耦合分析［J］．岩石力学与工程学报，2003（7）：1060-1066.
[68] 曾冬艳，刘增辉，史金伟，等．考虑围岩性质劣化的软岩巷道破坏规律数值模拟研究［J］．矿业研究与开发，2021，41（2）：45-51.
[69] 刘新荣，傅晏，王永新，等．水-岩相互作用对库岸边坡稳定的影响研究［J］．岩土力学，2009，30（3）：613-616，627.
[70] 安其美，丁立丰，王海忠，等．龙门山断裂带的性质与活动性研究［J］．大地测量与地球动力学，2004（2）：115-119.
[71] 黄炳香，赵兴龙，陈树亮，等．坚硬顶板水压致裂控制理论与成套技术［J］．岩石力学与工程学报，2017，36（12）：2954-2970.
[72] 黄炳香，程庆迎，刘长友，等．煤岩体水力致裂理论及其工艺技术框架［J］．采矿与安全工程学报，2011，28（2）：167-173.
[73] 汤明高，许强，邓文锋，等．冻融及加卸荷条件下川藏交通廊道典型岩石力学特性的劣化规律［J］．地球科学，2022，47（6）：1917-1931.
[74] 陈立超，王生维，张典坤．压裂液浸泡对高阶煤力学性质的软化机理［J］．中国煤炭，2021，47（12）：38-44.
[75] 齐庆新，潘一山，舒龙勇，等．煤矿深部开采煤岩动力灾害多尺度分源防控理论与技术架构［J］．煤炭学报，2018，43（7）：1801-1810.
[76] 李夕兵，宫凤强，王少锋，等．深部硬岩矿山岩爆的动静组合加载力学机制与动力判据

[J]. 岩石力学与工程学报，2019，38（4）：708-723.
[77] 窦林名，何江，曹安业，等. 煤矿冲击矿压动静载叠加原理及其防治[J]. 煤炭学报，2015，40（7）：1469-1476.
[78] 王卫军，董恩远，袁超. 非等压圆形巷道围岩塑性区边界方程及应用[J]. 煤炭学报，2019，44（1）：105-114.
[79] 谢和平，彭瑞东，鞠杨. 岩石变形破坏过程中的能量耗散分析[J]. 岩石力学与工程学报，2004（21）：3565-3570.
[80] 谢和平，彭瑞东，鞠杨，等. 岩石破坏的能量分析初探[J]. 岩石力学与工程学报，2005（15）：2603-2608.
[81] 谢和平，鞠杨，黎立云. 基于能量耗散与释放原理的岩石强度与整体破坏准则[J]. 岩石力学与工程学报，2005（17）：3003-3010.
[82] 华安增. 地下工程周围岩体能量分析[J]. 岩石力学与工程学报，2003（7）：1054-1059.
[83] 左建平，黄亚明，熊国军，等. 脆性岩石破坏的能量跌落系数研究[J]. 岩土力学，2014，35（2）：321-327.
[84] 彭瑞东，鞠杨，高峰，等. 三轴循环加卸载下煤岩损伤的能量机制分析[J]. 煤炭学报，2014，39（2）：245-252.
[85] 彭瑞东，谢和平，鞠杨. 砂岩拉伸过程中的能量耗散与损伤演化分析[J]. 岩石力学与工程学报，2007（12）：2526-2531.
[86] 鞠杨，李业学，谢和平，等. 节理岩石的应力波动与能量耗散[J]. 岩石力学与工程学报，2006（12）：2426-2434.
[87] 谢和平，鞠杨，黎立云，等. 岩体变形破坏过程的能量机制[J]. 岩石力学与工程学报，2008（9）：1729-1740.
[88] 黎立云，徐志强，谢和平，等. 不同冲击速度下岩石破坏能量规律的实验研究[J]. 煤炭学报，2011，36（12）：2007-2011.
[89] 鞠杨，王会杰，杨永明，等. 应力波作用下岩石类孔隙介质变形破坏与能量耗散机制的数值模拟研究[J]. 中国科学：技术科学，2010，40（6）：711-726.
[90] 雷明锋，赵晨阳，曾灿，等. 基于损伤释放能的岩石损伤计算方法[J]. 岩石力学与工程学报，2022，41（S2）：3210-3218.
[91] 夏昌敬，鞠杨，谢和平. 爆炸载荷下岩石损伤与能量耗散的数值分析[J]. 弹道学报，2006（3）：1-4，13.
[92] 夏昌敬，谢和平，鞠杨，等. 冲击载荷下孔隙岩石能量耗散的实验研究[J]. 工程力学，2006（9）：1-5.
[93] 朱贝贝. 岩石破裂过程中的耗散能与释放能机理研究[D]. 兰州：兰州大学，2017.
[94] 赵忠虎，谢和平. 岩石变形破坏过程中的能量传递和耗散研究[J]. 四川大学学报（工程科学版），2008（2）：26-31.
[95] KRAJCINOVIC D，LEMAITRE J. Continuum damage mechanics theory and applications [M]. New York：Springer Verilag，1987：233-294.
[96] 赵阳升，冯增朝，万志军. 岩体动力破坏的最小能量原理[J]. 岩石力学与工程学报，

2003（11）：1781-1783.

［97］孔存芝，周智奇，孙涛，等．砂岩破坏过程能量释放及前兆特征［J］．水利水电技术（中英文），2022，53（6）：163-172.

［98］谢晶，高明忠，张盛，等．深部煤岩三轴破断行为与能量释放的加载率效应试验研究［J］．中南大学学报（自然科学版），2021，52（8）：2713-2724.

［99］谢和平，高峰，鞠杨，等．页岩气储层改造的体破裂理论与技术构想［J］．科学通报，2016，61（1）：36-46.

［100］马骥，赵志强，师皓宇，等．基于蝶形破坏理论的地震能量来源［J］．煤炭学报，2019，44（6）：1654-1665.

［101］刘晓辉，薛洋，郑钰，等．冲击荷载下煤岩破碎过程能量释放研究［J］．岩石力学与工程学报，2021，40（S2）：3201-3211.

［102］梁鹏，张艳博，田宝柱，等．巷道岩爆过程能量演化特征实验研究［J］．岩石力学与工程学报，2019，38（4）：736-746.

［103］王之东，黎立云，刘一，等．型煤模型冲击失稳破坏中能量释放分析［J］．矿业科学学报，2018，3（6）：527-535.

［104］陈国祥，郭兵兵，郭军杰．煤层内高储能释放产生的应力波对冲击矿压的解锁机制探讨［J］．煤炭工程，2018，50（8）：93-96.

［105］高魁，刘泽功，刘健，等．定向聚能爆破弱化综掘工作面逆断层应用研究［J］．岩石力学与工程学报，2019，38（7）：1408-1419.

［106］张永将，孟贤正，季飞．顺层长钻孔超高压水力割缝增透技术研究与应用［J］．矿业安全与环保，2018，45（5）：1-5，11.

［107］魏晨慧，朱万成，白羽，等．不同节理角度和地应力条件下岩石双孔爆破的数值模拟［J］．力学学报，2016，48（4）：926-935.

［108］王同旭，曹明辉．采动影响下断层渐进破坏过程及能量释放规律研究［J］．采矿与安全工程学报，2022，39（5）：992-1001.

［109］谭彦，郭伟耀，谭云亮，等．巷道近场围岩能量释放规律及诱冲机制［J］．煤炭学报，2021，46（S2）：609-620.

［110］鞠文君．冲击矿压巷道支护能量校核设计法［J］．煤矿开采，2011，16（3）：81-83.

［111］丁传宏，史矿民．基于顶板能量释放的冲击危险性预测方法研究［J］．煤炭科技，2021，42（2）：91-95.

［112］冯龙飞，窦林名，王晓东，等．回采速度对采场能量释放的影响规律研究［J］．煤炭科学技术，2020，48（11）：77-84.

［113］左宇军，唐春安，朱万成，等．深部岩巷在动力扰动下的破坏机理分析［J］．煤炭学报，2006（6）：742-746.

［114］曹安业，朱亮亮，杜中雨，等．巷道底板冲击控制原理与解危技术研究［J］．采矿与安全工程学报，2013，30（6）：848-855.

［115］王同旭，曹明辉，江东海．采动影响下断层活化失稳及能量释放规律研究［J］．煤炭科学技术，2022，50（7）：75-83.

［116］姜福兴，张翔，朱斯陶．煤矿冲击地压防治体系中的关键问题探讨［J］．煤炭科学技

术，2023，51（1）：1-11.

[117] 朱斯陶，姜福兴，史先锋，等．防冲钻孔参数确定的能量耗散指数法［J］．岩土力学，2015，36（8）：2270-2276.

[118] LI C，WU Z，ZHANG W，et al. A case study on asymmetric deformation mechanism of the reserved roadway under mining influences and its control techniques［J］. Geomechanics and Engineering，2020，22（5）：449-460.

[119] LI C，GUO X，LIAN X，et al. Failure analysis of a pre-excavation double equipment withdrawal channel and its control techniques［J］. Energies，2020，13（23）：6368.

[120] 姜耀东，潘一山，姜福兴，等．我国煤炭开采中的冲击地压机理和防治［J］．煤炭学报，2014，39（2）：205-213.

[121] FRITH R，REED G，MCKINNON M. Fundamental principles of an effective reinforcing roof bolting strategy in horizontally layered roof strata and areas of potential improvement［J］. International Journal of Mining Science and Technology，2018，28（1）：67-77.

[122] FRITH R，REED G. Coal pillar design when considered a reinforcement problem rather than a suspension problem［J］. International Journal of Mining Science and Technology，2018，28（1）：11-19.

[123] 郭颂．美国煤巷锚杆支护技术概况［J］．煤炭科学技术，1998（4）：51-55.

[124] SIDDALL R G，GALE W J. Strata control-a new science for an old problem［J］. International Journal of Rock Mechanics and Mining Sciences & Geomechanics Abstracts，1992，151（369）：341-356.

[125] 刘玉堂．加速我国煤巷锚杆支护的推广［J］．中国煤炭，1998（4）：27-30，60.

[126] 马念杰，李保亚．矿工钢梯形可缩性支架的研究与应用［J］．江苏煤炭，1989（4）：20-25.

[127] 侯朝炯，马念杰．工字钢梯形可缩性支架［J］．煤炭科学技术，1992（1）：24-26，59.

[128] 康红普，司林坡，张晓．浅部煤矿井下地应力分布特征研究及应用［J］．煤炭学报，2016，41（6）：1332-1340.

[129] 张农，韩昌良，谢正正．煤巷连续梁控顶理论与高效支护技术［J］．采矿与岩层控制工程学报，2019，1（2）：48-55.

[130] 姜鹏飞，康红普，王志根，等．千米深井软岩大巷围岩锚架充协同控制原理、技术及应用［J］．煤炭学报，2020，45（3）：1020-1035.

[131] 吴拥政，付玉凯，褚晓威，等．锚杆托板与缓冲垫层组合结构静、动载力学性能试验研究［J］．煤炭学报，2022，47（2）：662-671.

[132] 刘泉声，雷广峰，卢超波，等．注浆加固对岩体裂隙力学性质影响的试验研究［J］．岩石力学与工程学报，2017，36（S1）：3140-3147.

[133] 赵庆彪，马念杰，彭鉴．风化软弱顶板的注浆加固［J］．建井技术，2002（2）：5-8.

[134] 赵庆彪，马念杰，王中江，等．井下小帷幕动水注浆截流技术实践［J］．煤炭科学技术，2002（9）：24-26，39.

[135] 赵庆彪，马念杰，刘斯筠．注浆治理冲积层放顶煤综采工作面冒顶溃砂［J］．煤矿安全，2002（10）：33-35.

[136] 邹光华，宋彦波，马念杰，等．破碎岩块采用有机注浆加固系统设计与应用［J］．煤矿安全，2009，40（12）：40-41.

[137] 邹光华，马念杰，宋彦波，等．聚氨酯注浆加固材料的配方优化设计研究［J］．中国煤炭，2009，35（3）：38-40.

[138] 梁东旭．预应力全长锚固系统力学行为及锚固止裂机理研究［D］．徐州：中国矿业大学，2022.

[139] 刘小虎．温度压力耦合作用下全长锚固体受力变形机理及应用研究［D］．淮南：安徽理工大学，2020.

[140] 李怀珍．煤巷非全长锚固单元体锚杆滑移脱黏机理及应用研究［D］．徐州：中国矿业大学，2018.

[141] 孔恒，马念杰，王梦恕，等．锚固技术及其理论研究现状和方向［J］．中国煤炭，2001（11）：4，24-29.

[142] 腾俊洋，张宇宁，唐建新，等．锚固方式对节理岩体剪切性能影响试验研究［J］．岩土力学，2017，38（8）：2279-2285.

[143] 赵同彬，谭云亮．岩体锚固理论与技术研究的进展［J］．山东科技大学学报（自然科学版），2010，29（4）：1-7.

[144] 石红星，郭相平，李瑾．注浆加固技术在永久硐室底鼓治理中的应用［J］．煤矿开采，2010，15（6）：54-56.

[145] 常聚才，谢广祥．深部岩巷底鼓机理及底板超挖锚注回填技术［J］．采矿与安全工程学报，2011，28（3）：361-364，369.

[146] 谢广祥，常聚才．超挖锚注回填控制深部巷道底鼓研究［J］．煤炭学报，2010，35（8）：1242-1246.

[147] 蔡美峰．地应力测量原理和方法的评述［J］．岩石力学与工程学报，1993（3）：275-283.

[148] 何满潮，郭志飚．恒阻大变形锚杆力学特性及其工程应用［J］．岩石力学与工程学报，2014，33（7）：1297-1308.

[149] 孙晓明，刘鑫，梁广峰，等．薄煤层切顶卸压沿空留巷关键参数研究［J］．岩石力学与工程学报，2014，33（7）：1449-1456.

[150] 孙晓明，王冬，杨军，等．新安煤矿回风石门软岩巷道恒阻大变形耦合支护对策研究［J］．岩石力学与工程学报，2014，33（S2）：4129-4138.

[151] 潘一山，齐庆新，王爱文，等．煤矿冲击地压巷道三级支护理论与技术［J］．煤炭学报，2020，45（5）：1585-1594.

[152] 王爱文．吸能锚杆防治巷道冲击地压研究及应用［D］．阜新：辽宁工程技术大学，2016.

[153] LI C C. A new energy-absorbing bolt for rock support in high stress rock masses［J］. International Journal of Rock Mechanics and Mining Sciences，2010，47（3）：396-404.

[154] CHARETTE F，PLOUFFE M. Roofex-results of laboratory testing of a new concept of yieldable tendon［C］. Proceedings of the Fourth International Seminar on Deep and High Stress Mining. Australian Centre for Geomechanics，2007：395-404.

[155] 夏洪满．高恒阻大变形锚索力学特性及现场防冲试验研究［D］．北京：中国矿业大学（北京），2013.

[156] 谢和平．深部岩体力学与开采理论研究进展［J］．煤炭学报，2019，44（5）：1283-1305.

[157] 马念杰，赵希栋，赵志强，等．深部采动巷道顶板稳定性分析与控制［J］．煤炭学报，2015，40（10）：2287-2295.

[158] 马念杰，郭晓菲，赵志强，等．均质圆形巷道蝶型冲击地压发生机理及其判定准则［J］．煤炭学报，2016，41（11）：2679-2688.

[159] 马念杰，赵志强，冯吉成．困难条件下巷道对接长锚杆支护技术［J］．煤炭科学技术，2013，41（9）：117-121.

[160] 姚宝珠，马念杰．对接长锚杆结构性能试验及工程应用［J］．中州煤炭，2014（4）：13-15，19.

[161] 冯吉成，马念杰，蔡猛，等．对接长锚杆在深井大采高窄煤柱巷道支护中的应用［J］．煤炭科学技术，2014，42（8）：22-24，37.

[162] 刘洪涛，王飞，王广辉，等．大变形巷道顶板可接长锚杆支护系统性能研究［J］．煤炭学报，2014，39（4）：600-607.

[163] 刘洪涛，王飞，蒋力帅，等．顶板可接长锚杆耦合支护系统性能研究［J］．采矿与安全工程学报，2014，31（3）：366-372.

[164] 王飞，刘洪涛，张胜凯，等．高应力软岩巷道可接长锚杆让压支护技术［J］．岩土工程学报，2014，36（9）：1666-1673.

[165] 贾明魁．岩层组合劣化探测技术研究［J］．中国矿业大学学报，2006（1）：44-48.

[166] 赵志强，马念杰．巷道围岩稳定性及蝶形破坏理论内涵探讨——对《对〈巷道蝶形破坏理论及其应用前景〉一文的讨论》的回应［J］．中国矿业大学学报，2019，48（3）：685-692.

[167] 郭晓菲，郭林峰，马念杰，等．巷道围岩蝶形破坏理论的适用性分析［J］．中国矿业大学学报，2020，49（4）：646-653，660.

[168] 马骥．岩体的蝶形破裂与大地震机理［D］．北京：中国矿业大学（北京），2020.

[169] 肖宇．复合顶板采动巷道围岩蝶形破坏机理研究［D］．湘潭：湖南科技大学，2020.

[170] 李冲，台连海．基于能量释放特征的强动压巷道高强柔性支护机理研究［J］．采矿与安全工程学报，2022，39（5）：930-939.

[171] 郭保华，陆庭侃．深井巷道底鼓机理及切槽控制技术分析［J］．采矿与安全工程学报，2008（1）：91-94.

[172] 王旭锋，张东升，陈家轩，等．开槽加固底板控制软岩硐室底鼓的数值分析［J］．煤炭工程，2006（3）：61-63.

[173] 郑贺，王猛，徐少辉．深部巷道围岩钻孔卸压与围岩控制技术研究［J］．矿业安全与环保，2014，41（5）：51-55.

[174] 孟宪义，程东全，勾攀峰，等．“三软”煤层回采巷道钻孔卸压参数研究［J］．河南理工大学学报（自然科学版），2011，30（5）：529-533.

[175] 李学华，黄志增，杨宏敏，等．高应力硐室底鼓控制的应力转移技术［J］．中国矿业大

学学报，2006（3）：296-300.
[176] 孙强，陈俊，赵瑞瑞，等．变质岩巷道松动爆破卸压加锚注联合支护技术研究［J］．建井技术，2011，32（6）：25-28.
[177] 张国锋，何满潮，俞学平，等．白皎矿保护层沿空切顶成巷无煤柱开采技术研究［J］．采矿与安全工程学报，2011，28（4）：511-516.
[178] 王猛，王襄禹，肖同强．深部巷道钻孔卸压机理及关键参数确定方法与应用［J］．煤炭学报，2017，42（5）：1138-1145.
[179] 刘红岗，贺永年，徐金海，等．深井煤巷钻孔卸压技术的数值模拟与工业试验［J］．煤炭学报，2007（1）：33-37.
[180] 焦建康，鞠文君，吴拥政，等．动载冲击地压巷道围岩稳定性多层次控制技术［J］．煤炭科学技术，2019，47（12）：10-17.
[181] 宋希贤，左宇军，王宪．动力扰动下深部巷道卸压孔与锚杆联合支护的数值模拟［J］．中南大学学报（自然科学版），2014，45（9）：3158-3165.
[182] 王维维，李凤义，兰永伟．切顶卸压沿空留巷技术研究及应用［J］．黑龙江科技大学学报，2014，24（1）：20-23.
[183] 顾有富，王慧芹．切顶卸压沿空留巷技术在土城矿的应用［J］．能源与节能，2013（1）：6-7.
[184] 王巨光，王刚．切顶卸压沿空留巷技术探讨［J］．煤炭工程，2012（1）：24-26.
[185] 张军，艾池，李玉伟，等．基于岩石破坏全过程能量演化的脆性评价指数［J］．岩石力学与工程学报，2017，36（6）：1326-1340.
[186] 王书文，毛德兵，潘俊锋，等．采空区侧向支承压力演化及微震活动全过程实测研究［J］．煤炭学报，2015，40（12）：2772-2779.
[187] 王振，胡千庭，文光才，等．采动应力场分布特征及其对煤岩瓦斯动力灾害的控制作用分析［J］．煤炭学报，2011，36（4）：623-627.
[188] 王卫军，范磊，马谕杰，等．基于蝶形破坏理论的深部巷道围岩控制技术研究［J］．煤炭科学技术，2023，51（1）：157-167.
[189] 马斌文，邓志刚，赵善坤，等．钻孔卸压防治冲击地压机理及影响因素分析［J］．煤炭科学技术，2020，48（5）：35-40.
[190] 康红普，冯彦军．煤矿井下水力压裂技术及其在围岩控制中的应用［J］．煤炭科学技术，2017，45（1）：1-9.
[191] 韩建新．基于应变软化模型的岩体峰后变形特性和隧洞结构稳定性研究［D］．济南：山东大学，2012.
[192] 张帆，盛谦，朱泽奇，等．三峡花岗岩峰后力学特性及应变软化模型研究［J］．岩石力学与工程学报，2008（S1）：2651-2655.
[193] 李季，马念杰，赵志强．回采巷道蝶叶形冒顶机理及其控制技术［J］．煤炭科学技术，2017，45（12）：46-52.
[194] 杨铭键，余贤斌，黎剑华．基于 ANSYS 与 FLAC 的边坡稳定性对比分析［J］．科学技术与工程，2012，12（24）：6241-6244，6251.
[195] 程志恒，齐庆新，李宏艳，等．近距离煤层群叠加开采采动应力-裂隙动态演化特征实

验研究［J］. 煤炭学报，2016，41（2）：367-375.

［196］LUO S，GONG F，LI L，et al. Linear energy storage and dissipation laws and damage evolution characteristics of rock under triaxial cyclic compression with different confining pressures［J］. Trans Nonferrous Met Soc China，2022，10（1）：1-27.

［197］赵闯，武科，李术才，等. 循环荷载作用下岩石损伤变形与能量特征分析［J］. 岩土工程学报，2013，35（5）：890-896.

［198］ZHANG Z，WANG E，LI N. Fractal characteristics of acoustic emission events based on single-link cluster method during uniaxial loading of rock［J］. Chaos，Solitons & Fractals，2017，104：298-306.

［199］LI D，WANG E，KONG X，et al. Mechanical behaviors and AE fractal characteristics of coal specimens with a pre-existing flaw of various inclinations under uniaxial compression［J］. International Journal of Rock Mechanics and Mining Sciences，2019，116：38-51.

［200］VEGA B，KOVSCEK A R. Fractal characterization of multimodal，multiscale images of shale rock fracture networks［J］. Energies，2022，15（3）：1012.

［201］ZHANG R，DAI F，GAO M Z，et al. Fractal analysis of AE during uniaxial and triaxial loading of rock［J］. International Journal of Rock Mechanics and Mining Sciences，2015，79：241-249.

［202］REN J，ZHANG W，MA J. Experimental study on butterfly shape of failure zone and fractal characteristics of rock burst［J］. Engineering Failure Analysis，2022，140：106636.

［203］YANG L，XU W，MENG Q，et al. Investigation on jointed rock strength based on fractal theory［J］. Journal of Central South University，2017，24（7）：1619-1626.

［204］MONDAL D，ROY P N S，BEHERA P K. Use of correlation fractal dimension signatures for understanding the overlying strata dynamics in longwall coal mines［J］. International Journal of Rock Mechanics and Mining Sciences，2017，91：210-221.

［205］WANG P，QI Z，MA C，et al. Mechanical behavior and failure modes of jointed rock mass based on rough discrete fracture network models［J］. Environmental Earth Sciences，2022，81（24）：543.

［206］钟群鹏，赵子华，张峥. 断口学的发展及微观断裂机理研究［J］. 机械强度，2005（3）：358-370.

［207］李红英. 金属拉伸试样的断口分析［J］. 山西大同大学学报（自然科学版），2011，27（1）：76-79.

［208］马曼曼，李志农，陈玲，等. 金属断口图像处理研究进展［J］. 失效分析与预防，2018，13（3）：196-202.